野生動物の法獣医学

もの言わぬ死体の叫び

浅川満彦 *Asakawa Mitsuhiko*

地人書館

■カバー・表紙・扉のイラスト
浅山わかび

■カバー・表紙・扉のデザイン
小玉和男

■本文イラスト
浅山わかび（図 3-31、図 4-3、図 4-8、図 4-11、図 4-16、おわりに）

はじめに

日本に生息する野生動物は無主物、すなわち誰のものでもない。そして、その死体はほとんどの場合、人知れず自然生態系に還っていく……。

だが、ひとたび、人がこれを発見すると、話が変わる。小さくて、キレイな鳥で、しかも、たまたまスーパーの袋などを持っていた場合、思わず回収してしまうだろう。その後は、気の毒に思い、花壇の片隅などに埋めるのだろうか。本当に稀ではあるが、「あいつのところに持って行けば、喜ぶだろう」と、その家のドアノブに引っ掛けることもある。ちなみに、「あいつ」とは、私である。野生動物の寄生虫学が専門の私にとって、こういった死体は宝の山なのである。

話を戻そう。もし、死体が大きくて、血液や糞尿に濡れていたら手に余る。しかし、そのまま放置するのは不潔だし、不気味。路上に死体があった場合には交通事故を起こす危険性も孕む。早速、最寄りの市町村の役所に電話する。やってきた担当者は、手際よく生ゴミとして処理するはずだ。廃棄物処理に関する法規上、野生動物の死体は「廃棄物」とみなされているからである。

だが、突如、こういった死体が多数出現すると、社会不安を引き起こす。そうなると警察の出番だ。

ただし、対応にあたるのは殺人を扱う刑事ではなく、地域防犯のようなセクションの方々である。

二〇二〇年晩夏、札幌市内某所で起きたハシブトガラスの時もそうだった。ある公園がカラス類の死体で累々であった。地元テレビにより、死因はある細菌による出血性腸炎とする生態研究者の意見が紹介された。それで納得したのかマスコミは沈黙した。いや、COVID-19関連の報道で、それどころではなくなったのだろう。野生動物の、いわゆる大量死とは、しょせん、その程度のことだ。

しかし、マスコミ、あるいはそれに踊らされた社会とは無関係に、警察は死因を探ることになる。顛末を公的文書に残す必要があるからだ。

死体のあった当日に戻る（ここからは想像）。公園で厳然と存在する死体を前に、「近場で、こういったモノを扱う人たちはいないものか？」と困り切った担当捜査員はスマホでググる（＝検索する）。〝北海道〟、〝野生動物〟、〝死体〟、〝死因〟の検索ワードで引っ掛かるのは、ここから約二〇〇キロメートルも離れた帯広畜産大学の論文ばかり（二〇二一年四月一八日午前三時二五分、グーグル検索）。諦めかけていた画面をスクロールすると、上から四番目に、すぐ近くにある大学の論文がヒット。ヒガラという野鳥の大量死を扱ったものだ。試しに、その大学の代表番号に電話をすると、担当者（つまり、私）は受け入れるという。

カラス類の死体は感染症の心配があるので、その大学の野生動物医学専門の拠点施設に運ばれ、剖検（解剖）された。その所見（解剖の記録）から、私たちは死因として怪しい化学物質にあたりをつけ、依頼主の警察に試料を渡す。警察の捜査官は受け取ったものを科学捜査研究所（以下、科捜研）

に持参して、こちらが予想した化学物質を特定するだけの検査依頼をする。「何だかわからないけど、とりあえず調べてくれ」という頼み方はあり得ない。

三日後、結果が届き、予想したある農薬が検出された。よって、カラス類はその農薬の急性中毒により死んだものと結論された。何者かが農薬をまいたのは間違いないが、その人物の特定は難しいだろう。殺人のような大事件ではないので、警察としてはマンパワーを割けない。それに、この検査結果はごく短く報道されたものの、もはや、世間の耳目を集めるものではなかった。だが、数カ月後、ほぼ同じ場所で、同じ事例が繰り返されることになる（以上、詳しくは第3章）。

ところで、私の専門は野生動物の寄生虫学なので、こうした監察医の真似事は寄生虫探しのついでに行なっている。お陰様で、このときのカラス類からも珍しい寄生虫を得ることができた。いつも、「真似事」は解剖台上で終わるのだが、本書を書くと決めたので、このときは「現場検証」も行なった。

その公園は大きな団地と中学校に接し、少し離れた場所に大きな流通市場があった。多くの人々がこの公園を憩いの場とし、私が訪れたお昼前には遠隔授業に飽きた大学生と思しきカップルが遊具ではしゃぎ、乳幼児を連れたママ友たちが談笑していた。

しかしこれらの人々も、多数のカラス類の死体が現出した朝はパニックになったはずだし、その後も不安であったに違いない。だから、死因解析の結果が、少なくともここに集う人々の心に安寧を与えたことを願う。いや、かえって毒物をまいた人間が近くにいる、という新たな不安材料を与えてしまったかもしれない。だが、カラス類の死の謎を謎のままにしておき、中途半端な状態にしておくのは、獣医学に身を置く者として恥ずべきことと思うし、第一、疫学的に危険だ。

考えてみてほしい。COVID-19の病原ウイルスの自然宿主は野生コウモリ類とされている。この感染症を含め、多くの新興・再興感染症が野生動物由来である。鳥インフルエンザウイルスも元々は野鳥が自然宿主とされている。ということは、そこに横たわっている動物の死体は、感染症が原因で死んだかもしれないのだ。野生動物の死因追及をやめることは、パンデミックの根源的な部分を無視することにつながる。目の前の野生動物の死体がただのゴミとなった途端、「パンデミック準備中」の警告灯が点滅する。そして、第二、第三のCOVID-19の出番間近となる。これは絶対に、避けなければならない。

だが実際は、多くの野生動物の死因は曖昧なままである。運が良ければ、私の運営するような所に持ち込まれ、担当者は五里霧中状態で死体と向き合う。私の場合、気が付いたら一八年が過ぎていた。そして、辿り着いた結論は、「野生動物にも、法医学のような分野が絶対に必要である」ということであった。これを皆さんと共有するのが本書の目的である。そのために、私たちの剖検事例を一緒に体感していただく。そしてそのうえで、こうした新分野がいかに必要なのかを自然に実感できる構成とした。

医学の一分野である法医学は、人の死因を究明することが目的である。具体的には事件・事故などで亡くなったご遺体などを剖検・死因解析し、死亡推定時刻や場所などを明らかにする。殺人事件であれば、どのような方法で殺害されたのかも探る。最近は法医学を扱ったドラマも増え、このあたりの認知も深まった。

欧米では、人以外の動物を対象にした法医学のような分野が獣医学、すなわち「Veterinary Medicine」の中に萌芽しつつあり、欧米では「Forensic Veterinary Medicine」、あるいは「Veterinary Forensic Medicine」、「Veterinary Forensics」など（日本語にすれば、「法獣医学」）として確立されている。日本でも、飼育動物に関しては法医学に相当するものが萌芽しつつあり、それにつれ「法獣医学」という語も定着しつつある（第6章で詳述）。以前は、動物法医学や獣医法医学などの語もあったが、本書では「法獣医学」に統一する。

獣医学全般における通常の流れなら、このような新興的分野が出てきた場合、たとえば、獣医歯科学、同眼科学、同腫瘍学などでは、犬・猫のような伴侶動物で豊富な事例を扱い、理論・技術が完成され、次いでそのほかの非典型的な飼育種や野生動物に応用されてきた。だが、私たちの前に次から次とやって来る野生動物の死体に対し、これまでと同じ経過を悠長に待っていることはできない。死体出現による社会不安は頻繁に起きているし、その死体が感染症パンデミックの遠因となる危険性も否定しきれないのだ。

本書は野生動物の法獣医学を主題とする。だが、読み解くうち、たとえば、傷ついた鳥獣を救護すべきかすべきではないか、増え過ぎた動物を管理する限界、食やエネルギー生産に関わる諸問題、法律・条例などの未熟さなども知っていただくこととなる。特に、野生動物の救護活動と保護管理とは、一般の方に混同されることが多いので有益だと思う。

また、今、世界的に注目されているワンヘルス（One Health）についても、無理なく理解いただけるように工夫した。ワンヘルスとは、人と動物と環境（生態系）がすべてつながっていて、三者が健康であってこそ、人類と地球の望ましい未来があるという概念である。そして、その実現のためには医学、獣医学および保全生態学が連携して取り組むという提言だ。ワンヘルス科学の中でとりわけ、獣医学に軸足を置くのが野生動物医学である。そして、この野生動物医学において、重要分野の一つに据え置くべきものが、本書で提案する「野生動物の法獣医学」である。

難しく考えなくても大丈夫。本書を読み解くうちに、自然に会得できる。しかし、そこに辿り着くまで、悲惨な話の連続となる。野生動物の剖検と死因解析がテーマという、内容が内容だけに、深刻・陰鬱な気分になってしまうかもしれない。事例自体は厳粛に受け取るべきだが、想定外が続出する実際の現場では常にドタバタ劇が繰り広げられており、それを正直にお伝えするので、肩肘張らずにお付き合いいただきたい。

まあ、こういうことなので、法獣医学に関わる、あるいは関わってしまう可能性がある現役の獣医師や動物看護師、警察を含む自治体の方々はもちろん、動物や自然（特に、北海道）に興味のある一般の皆さん、さらには、動物系の大学（大学院）に進学をしたいとお考えの学生生徒諸君には、読んで損をすることはない。

そして、「野生動物の法獣医学」の限界、すなわち、何ができて、何ができないか、どうすればできるようになるのかなどを広く共有してほしい。そうすれば、死因解析を依頼される私たちのような人間にとって、その心的負担がだいぶ減るに違いない。

野生動物の法獣医学
もの言わぬ死体の叫び

◉目次

第3章　身近な鳥類の大量死はなぜ起こる？

第4章　人間活動が不運な死をもたらす

第5章　哺乳類と爬虫類の剖検は命がけ

第6章　野生動物の法獣医学とは？

第1章　なぜ牛大学に野鳥が来る？

鶏の病気がコトの発端

私が勤務するのは、北海道唯一の私立獣医大、酪農学園大学獣医学群獣医学類である（以下、本学）。国内の獣医師を養成する大学（以下、獣医大）一七校の一つであるが、「酪農」というかなり特化した畜産の一分野を標榜する本学に、なぜかあるときから、野鳥が運ばれることになった。

これは、二一世紀になってすぐの秋、北海道・美唄（びばい）という場所に飛来した国の天然記念物マガンにおいて、ウイルス感染症マレック病の病変を見出したことがきっかけであった。マレック病は脚や翼に麻痺症状が起こる病気で、鶏やウズラで届出伝染病に指定されており、養鶏産業上、問題視されている。したがって、野鳥にマレック病が発生すれば、養鶏に悪影響があるし、調査は予防のために必須ということであったろう。また、この年、高病原性鳥インフルエンザが発生し、野鳥における感染症問題は、酪農を含む畜産業にとって看過できなくなっていた。マガン以外の他の野鳥も危険ではないかという連想も、そういった検査を後押しする追い風になった。また、二〇〇五年には外来生物法が施行されて、本学南縁に隣接する野幌(のっぽろ)森林公園ではびこり始めたアライグマのような外来哺乳類も運び込まれ、その病原体調査が本格的に開始された。

次第に感染症の病原体を扱うことが業務の中心となっていったことから、バイオリスク面で難ありとされ、大学附属動物病院（現・酪農学園大学附属動物医療センター）の構内に、二〇〇四年四月、野生動物医学センター Wild Animal Medical Center（以下、ＷＡＭＣ）という施設が、文部科学省の競争予算（私立大学ハイテクリサーチ基盤事業）で設置された（図１‐１、図１‐２）。以降一七年間（二〇二一年四月現在）、私はその運用を任され、主催する医動物学のゼミ生も引きずり込まれている。

ではなぜ、私がその任に選ばれたのか。当然、研究に基盤を置き教育する大学なので、まず、関連論文業績が考慮された。が、実は他の理由が大きいように思われる。たとえば、①寄生線虫類の生物地理研究のため野生動物を宿主モデルにしており、この研究で日本生物地理学会賞と獣医学博士号を取得したこと、②学位取得直後、本学組織改編の都合で野生動物学兼任を命ぜられたこと、③そのキャリアアップとしてロンドン大学王立獣医大学校（大学院）で野生動物医学専門職修士号 MSc WAH を得たこと、④学外同志とともに日本野生動物医学会を創立したこと、⑤さらに、同学会の中で牽引力となる人材育成のために認定医制度を策定したこと、⑥そして、その資格（感染病理分野）を得たこと、などである。これらが遠因となったのは間違いない。

なお、⑥の日本野生動物医学会認定資格については、他の専門医ではファウンダーと称する制度策

図 1-1　野幌森林公園と本学キャンパス（矢印が附属動物病院、写真上から左半分を占めるのが公園、右上は札幌市街地）。浅川（2121a）より改変

図 1-2　本学附属動物病院構内に設置された WAMC（矢印）とその拡大像（右下四角に囲まれた建物。浅川（2121a）より改変

定者は無試験で専門医の資格を得られることが多いが、日本野生動物医学会の場合、たとえファウンダーであっても、一般の会員同様、ガチの試験がなされる。しかも、私が受験した時の試験担当者は私の元教え子。だからこそ、学生時代のリベンジなのか、手心は一切なし。ちなみに、その後、彼は当該学会会長職に就き、今、私を顎で使う。なんと呪われた人生なのだ。

不運はそれでは終わらなかった。ＷＡＭＣが本学附属動物病院構内に設置されたために、傷ついた動物を見つけたらここに運べばよいのではないか、と勘違いした市民、地方自治体、学内関係者等から傷病野生鳥獣救護の依頼が頻繁に舞い込むようになった。しかも、「本宅」の動物病院内では、バイオリスク上の観点から、どこで何をしていたかわからない野生動物は入れない・診ないとなり、それらすべてはＷＡＭＣへ……、となったからである。

野生動物の受け入れを続けるうちに、ＷＡＭＣは北海道庁（以下、道庁）と北海道獣医師会が設けた「野生傷病鳥獣認定動物病院」として代行的な対応をすることになり、今も継続している。しかし、救護はＷＡＭＣの設置目的にはなかったし、今もない。あくまでも、寄生虫病を含む感染症研究施設なので、こういった持ち込みは忸怩たる思いで引き受けている。もっとも、私の所にいるゼミ生のほぼすべてが野生動物のみならず、動物園水族館展示動物、愛玩鳥、エキゾチック動物など変わった飼育動物の診療を志す者が多いので、救護は、結構、楽しんでいるようだ。しまいには、それが目的にうちのゼミに来てしまう粗忽者もいる。成績順で希望ゼミへの配属が決まるので、そういった子は、振り落とされるだろうと高をくっていたら、来てしまう。私には学生を選別する権利は、一切ない。

「それなら、救護も、まあいいか」と諦め、流れに身を任せている。ただし、入院中の動物の餌に関わる費用が自弁となるのは、けっこう痛い、が……。

寄生虫を運ぶ袋、野生動物

唐突であるが、ここで私自身の話をさせてもらう。高校二年生の頃、進路を模索する中で、寄生虫による風土病、あるいは宿主─寄生体関係の固有分布が、なぜ生じたのかという疑問を持った。幼少時の回虫排出や、四〇年以上前の故郷・山梨では日本住血吸虫症が風土病であったことなどが背景となり、きっといろいろな動物には、いろいろな未知の寄生虫がいるはずだ、そして、そのような寄生虫の由来を地域の歴史と紐付けて見たいと思い、本学に進学した。しかし入学後、そうした目論見が甘かったことに気づく。獣医大学では、そのような研究はほとんど行なわれていなかったのだ。

高校生の私が持った疑問を扱う学問、すなわち、生き物の固有分布が生じた過程を追及する科学分野を生物地理学という。この分野は、版図が著しく広大化した戦前日本では、資源把握の実学として興隆した。現在は博物学的趣味としての側面が強いが、いずれにせよ、生物地理学の研究対象は、分布域の地史と密接に結びついた種、すなわち、野生動物である。私が博士号を取得した学位研究も、宿主モデルは野生動物であった。特に、採集が容易な野ネズミ類であったので、皆さんのイメージするワイルドライフではない。しかしいずれにせよ、畜産（さらに狭い酪農）の生産動物である乳牛を診療対象にする獣医師を養成する本学で、野生動物を研究材料として扱うこと自体、けっこうハードルが高かった。

また、獣医学は、「個体の体外」の現象を扱う科学ではなかった。たとえば、進化や生態といった個体を超えた現象は対象外だった。これは獣医学の学問的な性格によるものであり、いかに疾病を治療・予防するのかについて、各個体の体内でのみ完結させていた。これは基本的に、現在も同様である。

この「個体の体内」から見るか、「個体の体外」から見るか、というアプローチの違いについて、もう少し補足する。たとえば、アマガエルの体色は木の葉の上では鮮やかな緑色になる。一方、コンクリートの壁にへばり付いていると、体色は灰色に変化する。なぜだろう。この疑問には二つの答え方がある。一つは、①光刺激を受け神経や内分泌系を経て、皮膚の色素胞に働きかけ色素を分散させて……等々、生理学的機序からの答え。もう一つは、②隠蔽効果となり捕食者からの眼に見えにくく、個体の生存に有利で、この表現型が適応度を高め……等々、生態学・進化学的学説からの答え。このように、生物の現象（コト）に対し、異なる①と②の二つのアプローチ（答え方）がある。すなわち、①個体の体内（細胞や分子レベルなど）と、②体外（個体群や生態系レベルなど）からのアプローチである。それぞれのアプローチに付ける疑問詞としては、①がhow、②がwhyである。またそれぞれ、①が至近要因、②が究極要因と説明付けられ、生物学研究はこれら両要因がバランスよく検討されることが理想的である。

そして、自然生態系の中で暮らす野生動物の死因解析を行なう場合、至近要因のほか、究極要因、さらにはその動物が生息する自然環境を含めた情報も加味する必要もあろう。もちろん飼育動物でも、特に野外で飼育される家畜・家禽の死因解析では、落雷、降雨、旱魃、降雪など気象の急変などを念頭に置く場合もある。しかし、死傷あるいは殺傷（以下、〈死・殺〉）の事例が起きる現場は、原則的に人が管理する場に限られることが多い。一方、野生動物では広範な自然生態系が現場となる可能性が高く、個体の体内からのアプローチ、至近要因だけでは解析が困難である。それゆえ、個体の体内・体外両方からのアプローチと、至近要因・究極要因両面からの解析が必要となるのである。

ワンヘルスと獣医学、そして野生動物医学

繰り返しになるが、従来の獣医学は、徹頭徹尾、細胞や分子レベルなど「個体の体内」における疑問のみを解明する科学であった。ところが、二一世紀に差し掛かる頃から、世界的に動物由来による新興感染症が急増して人や家畜の健康も脅かすようになり、地球温暖化や開発による環境破壊などがそのきっかけとなっていることがわかってきた。この流れの中で、獣医学も守備範囲を広げざるを得なくなり、個体の体外からのアプローチの必要性が高まって、私が目指し、実践していた研究に近づいてきた。

そして今日、ついにと言うべきか、「はじめに」でも述べたワンヘルスという概念が獣医学を席巻

することになった。そのため、必然的に究極要因にも目が向けられるようになった。それに、つい最近になり義務化された「獣医行動学教育」では、両要因について教授されている。なお、ワンヘルスとは「ワンワールド、ワンヘルス」（一つの世界、一つの健康）の後半部である。ワンヘルスを標的にするのが保全医学 Conservation Medicine で、獣医学、医学および保全生態学の学際である。

ついに、不審死体もやって来た……

本学にＷＡＭＣが付置されたのは、獣医学が家畜の「個体の体内」の健康を考えているだけでは済まなくなり、人と動物と環境のつながりの中でとらえるべきである、とするワンヘルスという大きな流れの支流とも見なされる。ところで、野生動物の病院と誤解され、救護個体を受け入れているうちに、今度は死後変化が著しく、どろどろに溶けて塩辛のようになった死体、干からびてスルメ状になった死体も運ばれるようになってきた。野生動物の死体は、質に少々問題があっても、ＷＡＭＣ設置の目的である感染症研究上、重要試料となる。だが、そういった死体が、ただ単に研究試料として提供されるわけではなく、明確な目的があって運ばれることが増えてきた。すなわち、いつ、どのような原因で、死んだのかを明らかにしてほしいということだ。

ところが死因解析自体も、救護と同じようにＷＡＭＣ設置の目的からは外れており、本来の業務ではない。際限なく漂っていきそうなので、逡巡したが、突如、人の居住域に野鳥の死体が現出したら、社会不安が生ずるのは容易に理解できる。それに、こういったものは、どの大学に持って行っても、病理学の専門家から断られ、受け付けてくれないという。

「テロ？　それとも謎の感染症？」

　こういった不安を科学的に解消することは、大学に課せられた地域貢献の一つである。だからとにかく、できる範囲で引き受けるというスタンスで対峙してきた。そして、そこで得た結論は、野生動物医学では、〈塩辛・スルメ〉状死体との対峙は不可避である、ということだ。当然である。多くの野生動物は、人の管理外で生き、死ぬ。死ねば他の動物の餌になるだろう。運が良ければ、ＷＡＭＣのような施設に入るだろうが、変性は著しい。その死因解明は人間社会のためでもあるが、野生動物の保全にも資するだろう。それならば、野生動物医学にも、高度に変性した死体から死因を追求する法医学のようなサイエンスが包含されていないと困る。

　もちろん、学問の体系化・位置付けと個人の苦慮に近い思惑とは無関係。野生動物における法医学と言うべき「法獣医学」に関するしっかりした（形而上的な）論議も行ないたいが、いきなりでは皆さん置いてきぼりとなる。なので、それは後回しにして、まず我々が、目の前の多種多様な死体といかに格闘してきたか、縷々（るる）、記す。おそらく、皆さんが想像する以上に野生動物の死に方は様々である。ただ、いきなり個別的事例を羅列されても、〈死・殺〉の密林で遭難するかもしれない。まず、その密林の案内図を次章で示す。

第2章　どのような死があるのだろう？

自然現象としての死

動物の死は、自殺（自死）以外のほぼすべてにおいて、人の死と同じことが起こると考えられる。その経緯を探るのが欧米で発達した法獣医学の前提である。そもそも、日本では、毎年、どの程度の野生動物が、どのような原因で死傷しているのだろう。以下では、野生動物の死因について非人為的死因、すなわち自然現象としての死と、人為的死因に分け、ごく簡単に概観する。

野生動物の死は、自然生態系ではごく普通の現象である。たとえば、火山ガスを吸引した急性中毒、異常乾燥による水分摂取の欠乏、急激な気温の変化等の非生物学的要因などがある。また、生物学的要因による死もある。捕食—被食関係および宿主—寄生体関係では、一方の動物の死あるいは不健康状態を前提にしている。特に、寄生体（病原体）が在来種で本来の生物相（動物相フロラ／植物相ファウナ）あるいは自然生態系の群集の一つであれば、その感染症も自然現象と解される。外来種や人が関わらない病原体の媒介であれば、野生動物の真の風土病とも見なせよう。これらによってもたらされた死は自然現象によるもの、と言える。しかし、以上は理論上の話であり、現在のように地球レベルで人為的影響が強大になってしまった現状では、間接的に人為的要因が関わることのほうが多いのであろう。

人為的原因による死

まず、皆さんは、人類社会が多くの野生動物の死の上に存続していることを知るべきである。たとえば、狩猟・有害捕獲（駆除）・学術捕獲などの合法的殺戮（図2-1）、密猟・密輸などの非合法行為、航空機によるバード・ストライクや車両による交通事故、建造物との衝突、農薬中毒による死、さらには、蛇のように何となく怖い・見た目が悪いという理由で「退治」されてしまうこともある。恒常的な生活の場から離れた場所であっても、鉛弾を飲み込むことによって起こる鉛中毒や、タンカーの座礁事故等で流出した重油にまみれた海鳥の死などは、衝撃的な映像とともに報道されている。さらに、元々は人が持ち込んだ外来種による捕殺や餌・生息場の奪取に伴う生存率低減、あるいは外来性病原体による野鳥の死滅なども、人為的原因による死と言えよう。

しかし、農業・水産業等の食生産の場や、清潔な水・電力供給などの過程で生ずる非意図的殺傷を、一般の人々が把握するにはハードルが高い。たとえば、刺網（さしあみ）や延縄（はえなわ）漁では多くの海鳥が混獲されるが、これを皆無にすることは不可能である。したがって、食用の海産魚を廃棄することは、漁獲過程で死んだ鳥類の命も捨てることになるので、海産魚は無駄なく食べたい。農業においては、牧草収穫時に、シマアオジなど草原性鳥類の卵や雛を巻き込んだり、幼獣を守ろうとしたユキウサギ母獣の首を切断してしまったりする（残された幼獣はＷＡＭＣにも運ばれる。図２-２）。浄水場貯水池では、造巣中のイワツバメが浄化処理後の粘性の高い汚泥を羽に異常に付着させてしまい、もがき苦しみ、風力発電の風車は猛禽の体幹を切断する。また、送電線を咬み感電死するカラス類もいる……。

いずれもＷＡＭＣで経験した事例だが、国外では、たとえば、鎮痛剤ジクロフェナクが蓄積した家畜死体を食べた南アジアのハゲワシ類、融雪剤の岩塩をついばんだ北米の野鳥などが塩中毒で大量死している。まさに、現代の人の暮らしは、野生動物の人為的な原因による死の上に築かれると思ってもらって差し支えない。

図 2-1　狩猟されたシカを解体するハンター（北海道道北地方某所）

だが、実際は……

しかし、野生動物の死因を、人為・非人為的として厳密

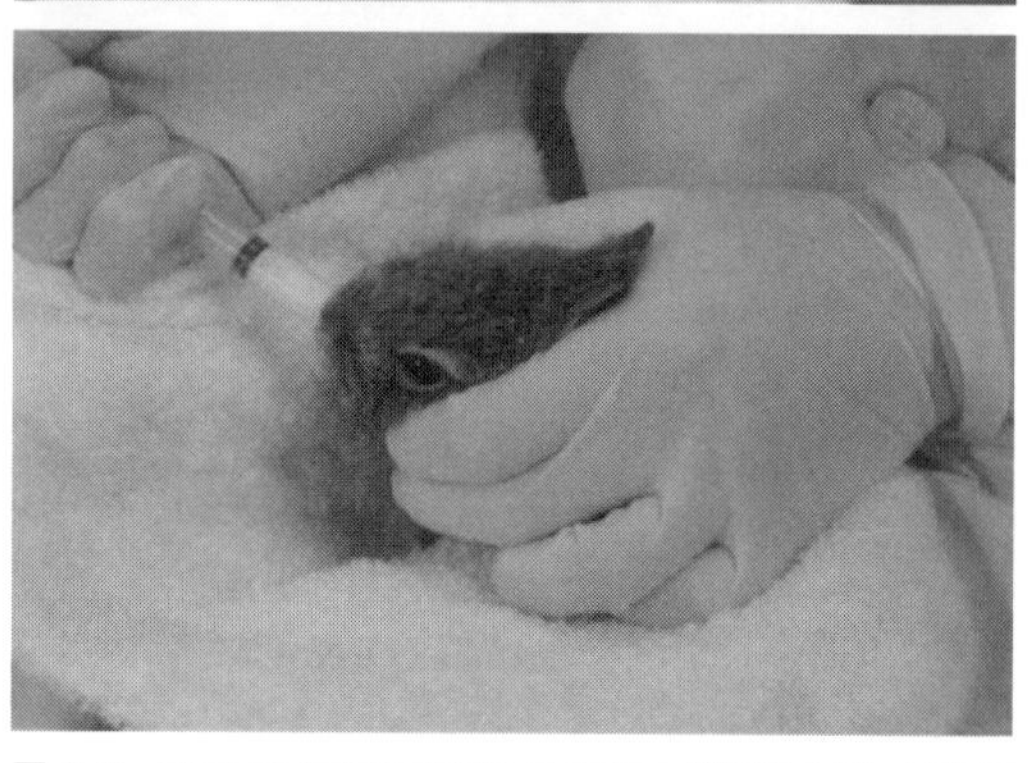
図 2-2　WAMC に搬入されたユキウサギ幼獣（上）が人工哺乳される様子（下）

に分けるのは難しく、むしろ両者複合のほうが断然多い。たとえば、寄生虫や真菌はある地域の生物相を構成する生物であるが、それが外来性の種となれば、抵抗性がない野生動物に感染した場合、大量死につながることもある。また、産業廃棄物により体が弱り、感染症が起きることもあるなど、実際の死因は複雑だし、死そのものも珍しくはない。

家畜中心の本学ではあるが、第1章で述べた経緯（いきさつ）からWAMCというハードが付置され、そこに、人為、非人為あるいは両者複合した（あるいは、したと思われる）動物の死体あるいはその一部が、あまた運ばれて来るようになった。以下の章では、その中からごく一部の事例を紹介する。

その順序として、まず、一般の方にとって比較的に近接した場における例（第3章）、次いで、ふだんの生活には馴染みのない発電や食生産などの場で発生した例（第4章）。いずれも鳥類である点で共通するが、最後に、哺乳類と爬虫類の例を紹介する（第5章）。

「おいおい、蛙や金魚はどうなる？　無視をするつもりか！」

と、お叱りを受けそうだ。それは、本書で予定された紙面の都合もあるが、そもそも両生類や魚類の依頼事例自体がほぼないというのがその理由だ。いや、それ以外に、本書では、改正動物愛護法（以下、動愛法）の対象となる愛護動物群が、「飼育されている」爬虫類・鳥類・哺乳類に限定されている点に、かなり影響されたことも告白しなければならない。詳しくは第6章で述べるが、要するに、系統分類学的に多様な動物で起こる〈死・殺〉すべてが、人々が気になる事例ではないということだ。たとえば、お皿の上で、ピクピクと動く海産魚介の生け造りをこよなく愛する日本人に、「そこまで愛護を求められても……」と、きっと戸惑うだろう。

　だが本書では、繰り返すが飼育動物ではなく、野生動物を対象にした「法獣医学」の哲学手前の輪郭を描き出すことに終始した。この哲学こそ、私の最も言いたいことだが、こうした形而上的な話の前に、まず、私たちが経験した形而下的な〈死・殺〉事例のアレコレをご覧いただこう。

第3章　身近な鳥類の大量死はなぜ起こる?

宙に浮く〈塩辛・スルメ〉状死体

愛護と保護との関係は何かと悩ましい。その一つが餌付けである。たとえば、国の特別天然記念物タンチョウの場合、個体数が減った時点の緊急的措置としての計画的な給餌は、希少種保全(保護)という意味では効果的であった。しかし、個人的・独善的趣味としての餌付けについては論議の余地があろう。ただし、このような行動の適否について論議するのが本書の目的ではないし、すでに、本書出版元が刊行した『野生動物の餌付け問題』が、嚆矢(こうし)なので、そちらを参考にしてほしい。ただ、そのような行為の末路として、法獣医学的に無視できない出来事が散見される。中には、私をこの道に引きずり込んだ切っ掛けとなった事例もあったので、真っ先にそれから紹介をしたい。なお、その内容はさきほどの『野生動物の餌付け問題』でも紹介したものであるが、本書の目的に沿うように一部改訂した。

二〇〇六年三月から四月、雪解けが進む中、札幌から旭川にかけ、民家の餌台周囲でスズメの死体が大量に現出し始めた。住民は当然、不安になり、市役所に通報した。こういった事象の流れとして、最終的に道庁に情報が上げられ、道庁は市の担当者からその対応を迫られる。まず、道庁としては死因解析に努め、対応はそれからだと回答するだろう。至極当然だ。

その分析のためにモノ、すなわち、死体を可能な限り集め、庁舎内の冷凍庫に保存する。もちろん、多くの道庁職員にとって、こういった作業は初めてであろう。いや、類似したことをやったことがあるかもしれないが、年度末の人事異動の最中、混乱を極めたろう。集められた死体をとりあえず保存する冷凍庫にしても、同じ道庁の備品を使うことになる。ふだんは食品などが入っている冷凍庫に、収まるのは死体。調整は難航を極めたはずだ。獣医大の学生の中には、人付き合いが苦手なので、野生動物関連の仕事をしたいという者がいる。しかし、この一連の流れだけ見ても、人との関係は避けられない。関連するが、野生生物と社会学会の鈴木正嗣会長は、二〇二一年度のあいさつの中で、「野生動物問題などはなく、社会が抱える諸問題が野生動物の姿を借りて現れ出たに過ぎない」と看破している。この至言のように、野生動物に関連した職につなげたいのなら、社会と切り離すことはできないのだ。

まあ、それはそれ。そのように苦労して、道庁職員により集められた死体ではあったが、北海道大学獣医学部比較病理学教室（以下、北大）に解剖を依頼したところ、一瞬で受取拒否された……。

獣医病理学のスタンス

ここで、病理学について説明しておこう。病理学とは、疾病原因とその機序を明らかにする学問である。病理学も人の医学でまず発達し、次いで獣医学にも転用されたとお思いかもしれない。しかし、一八世紀末のロンドン医学校で基礎医学と臨床医学を幅広く教えていたJ・ハンター医師が今日のワンヘルスとほぼ同じ概念を表明し、その後、一九世紀末にベルリン大学のR・ヴィルヒョウ教授が人と動物を通観する比較病理学を完成させた時点で、医学・獣医学間の病理学の垣根がなくなったと言われている。よって、どちらが早いのかという問いは、少なくとも、病理学に限っては無意味であろう。したがって、本書でも獣医病理学と記すことはあっても、医学の病理学とほぼ差異はない。

病理学における疾病原因を探る方法は、剖検（解剖）した時の肉眼（マクロ）による検査と、組織標本の顕微鏡（ミクロ）による検査が中心である。検査材料となる組織は、もっぱら死体に由来するが、生きた動物から採集する場合もあり、生検あるいはバイオプシーという。これらは病理診断（生検では生前診断）の一環でなされるが、よりアカデミックな意義としては、病気発生の機序解明であるし、これが病理学という科学の目的である。なお、これと類似した手法・過程を用いるが、法医学の目的は裁判証拠の根拠を明示することである。したがって病理学は、必ずしも法や事件とは関係しない真理の追求という点で、法医学とは決定的に異なる（くわしくは、第6章）。

ところで世の中には、「獣医さんがお腹を開けて中を覗けば何でもわかる」といった困った誤解があるようだ。剖検（解剖）でわかるモノゴト（その記録、所見）が、病理診断の基盤中のキを構成するのは事実だが、それだけで解決するほど簡単ではない。異なった疾病であっても、同じような肉眼所見を示す場合が多々あるからだ。そこで、頼りになるのが病変の病理組織標本である。病変ごとに、それぞれ特徴的な細胞やその状態を示すからだ。もちろん、採集されたばかりの組織片（小指の頭ほどの大きさ）を、いくら眺めても細胞は見えない。細胞は小さいから顕微鏡を使うが、ゴロッとした立体のままでは無理。下から光を当てて、透けるぐらい薄くする下処理をして、「永久プレパレート」というものを作る。

永久プレパレート標本づくりの過程をほんの少し説明する。まず、目の前にある組織は焼肉店で供される生肉のようなモノ。そのままにしておくと腐って、グチャグチャになってしまう。細胞や組織の形を保つために、まずホルマリン液で固定しよう。数日後、十分固定された組織をホルマリン液から取り出し、今度はアルコールに漬け、徐々に水分を除く。そして、最終的に有機溶媒へ投じ、次いで熱して液状になった蝋の中に入れ冷やす。このような状態になった標本をパラフィン包埋ブロックという（図3－1左上）。これで組織を薄く切る足場ができたことになる。包埋ブロックを、ミクロトームという据え置き式ナイフで厚さ数マイクロメートルに切り（薄切：図3－1右上）、スライドグラスの上に載せる。

しかし、この状態では、まだ細胞は見えない。蝋が邪魔しているからだ。スライドグラスに乗せたまま、有機溶媒に漬け蝋を溶かす。白濁感は大分なくなった。さあ、顕微鏡で見てみよう。だめだ。

ボヤけたままだ。そこに無数の輪切の細胞があるのは間違いないのだが……。そこで、黎明期の生物学者はひらめいた。

「布のように、染色したらどうだろう」

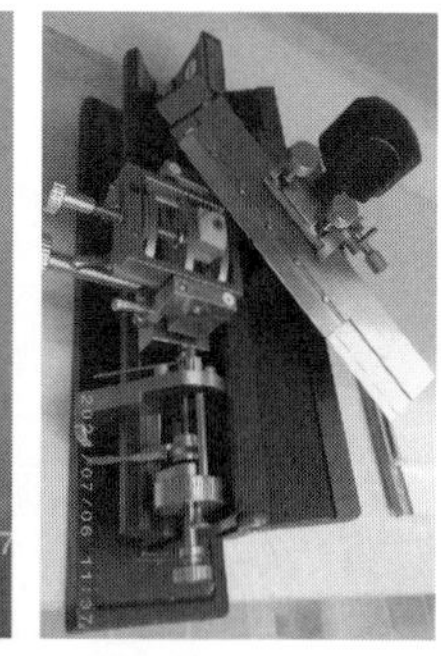

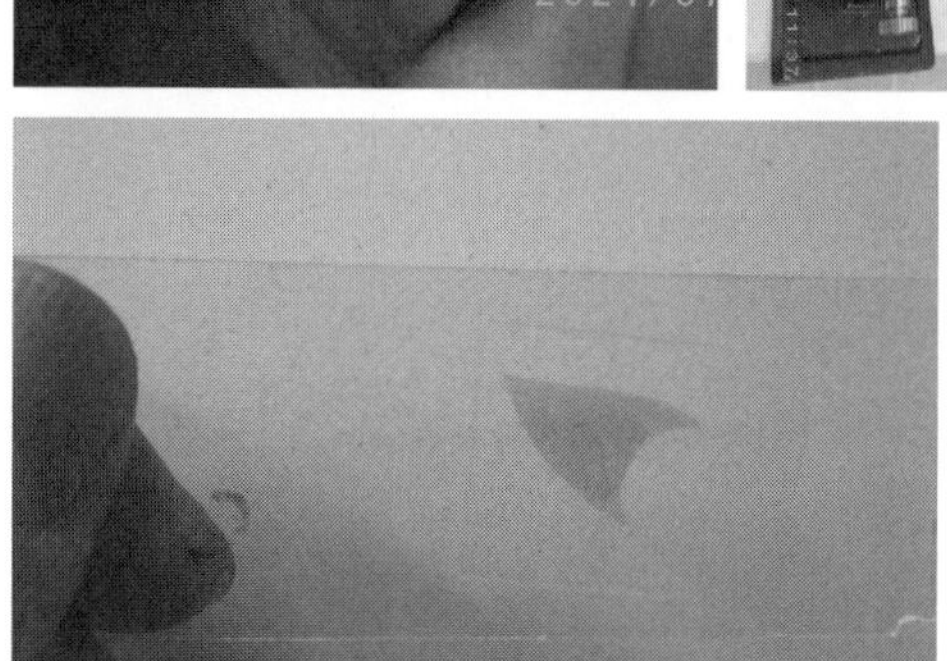

図 3-1　永久プレパレート標本を作る
左上：パラフィン包埋ブロック、右上：同・ブロックをセットしたミクロトーム、下：染色された組織薄片

ビンゴ！　細胞質と核が染め分けられた。古来、晴れやかな衣服や住空間を楽しむために使われた染料（原料は樹皮や昆虫など）は、かくして人と動物の病理診断にも転用され、爾来、あまたの命を救うことになる。もちろん、そのままでは乾燥するので、透明感を保つ接着剤（原料は松脂）を染色組織薄片上に垂らし、カバーグラスを載せたら（図3-1下）、永久プレパレート標本の完成である。以上述べた過程は、病理組織診断の必要不可欠な手法として、百年以上前に誕生してから今

でも使われている。

そのようにして作製された標本を顕微鏡で観察し、多種多様な疾病で生ずる病理組織像が蓄積された。そのごく一部が掲載された図譜が紙媒体、ウェブ画像など問わず刊行され、国家試験を控えた獣医大生の教科書・参考書となり、市井獣医師の診断手引きとなる。その一端を把握されたいなら、典型的飼育動物の平均的な病理組織画像が載る日本獣医病理学専門家協会の成書などを一瞥するだけでもこと足りよう。この図譜画像の細胞や組織のパターンをパソコンに「食わせ」、ＡＩが診断を下すようになっても、もとの画像は組織病理標本に仕立てたモノを誰かが観察し情報に加工して、仕立てないとならない。

さらに、現在の獣医学は、お金さえ払えばいくらでも手に入るエキゾチック動物や、人と動物の共通感染症のアウトブレークのあおりを受けて野生動物なども対象としなければならなくなった。当然、獣医病理学も多様な種を相手にすることになった。そうなると、珍しい種では特異的な病理組織像を呈すかもしれず、逐一調べないとわからない。もちろん、疾病の急性から慢性の進行度、または他病因が複合した場合なども病理組織像は異なる。以上が組み合わされ、無限の曼荼羅が広がり、これらを解き明かしつつ（＝診断を下しつつ）、新たな記録（論文）を後進に残さないとならない。

このように、無限に広がりつつある地平で戦う獣医病理学者が、細胞や組織が壊れ、病気発生の機序を遡及不可能な〈塩辛・スルメ〉状となった死体など相手にする余裕はない。「せめて、病理組織が担保されているのなら、見ないでもないけどね」が、獣医病理学側のスタンスなのだろう。

道内の野生動物死因解析は……

ところで、死因解明において頼みの綱である獣医病理学が、雪の下から見つかったスズメのような、〈塩辛・スルメ〉状の死体を見放したら、二〇〇六年当時の日本の獣医学には、その死因解析する分野は存在しなかった。

ここで本論に入る前に、北海道内での野生動物の死因解析における背景について、少し経緯を説明する必要があろう。第1章でふれたように、二〇〇一年秋、WAMCで国の天然記念物マガンからマレック病ウイルスによる腫瘍病変が発見されて以来、道庁は水鳥（海鳥含む）の死因解析を、本学に依頼するようになった。それまで、野鳥全般の死因解明は、北大が一手に担っていた。その負担は大変大きいので、道庁は北大に配慮し、陸鳥のみを依頼することにしたという。もちろんスズメは陸鳥なので、依頼は最初北大に行ったのだが、変性が著しい腐ったスズメの死体は受け取られず、大量の死体が宙に浮き、冷凍庫に戻って来た。

しかし、その直後、別部署から冷凍庫を空にせよと、同僚から迫られた道庁職員は、そのまま廃棄するのは惜しいと考えた。そこで本学が野生動物の死体を集めていることを思い出す。かくしてWAMCにスズメ死体が送付された。届いた死体は、いずれも羽毛に被われていたので、外見は正常に見えた。しかし、「中身」（表現に難ありだが、ご理解いただけるだろう）は確かに悲惨な状態であった。長期間、換気孔で乾燥されたのか「ミイラ」であるか、あるいは三カ月から四カ月間、積雪下に埋設

図 3-2　道庁職員が集め、本学に送付されたスズメの死体（一部）。右下は焼却途中で回収されたもの（腹部が炭化）。これ以外も、外見は正常だが内部は変性。福井・浅川（2016）より改正

されたため、熟成・変性し、内臓はどろどろに溶けていた（図3－2）。〈塩辛・スルメ〉の比喩に、いささかの誇張はない。中には羽毛の焦げていた死体もあった。焼き殺したのではなく、死体を焼却した途中のものだ。そういったものも、道庁職員は丁寧に回収したのであろう。担当された職員が、市民の通報を元に、様々な状態の場所で苦労しながら集めたことが推し量られた。

繰り返すが、スズメは陸鳥なので、その死因解析は北大が担当するはずが、第一陣の死体は受け取り拒否された。しかし、後に送られた新鮮な死体から、「死因は融雪剤による急性塩中毒」とする結論を出し、これが道庁公式見解となった。

一方、スズメの集団死は、さらに南にある登別でも起きていた。もちろん、そこでもスズメの死体が回収されたが、道庁の公式見解が出た後だったので、用済みとなった。その後、こちらは津軽海峡を渡り、神奈川県にある麻布大学獣医病理学研究室（以下、麻布大）に送られた。そこでの結果は、サルモネラ菌 *Salmonella* Typhimurium DT40 感染症が原因とされた。二つの大学から異なる原因が出されて、当方としては、固唾を飲んで経緯を見守るし

図 3-3　スズメ嗉嚢の膿瘍（左）、同組織像（中央）および同部細菌培養によるブドウ球菌コロニー（右）。福井・浅川（2016）より改変

かなかった。

死体をもらっただけなのに……

さて、北大で受取拒否された〈塩辛・スルメ〉状の死体がＷＡＭＣに届いた日に戻ろう。中身はともかく、羽毛と皮膚は博物館学内実習には使えそうだったので、その材料に供すつもりだった。だが、紆余曲折を経、受け取った本学が死因解析をするというマスコミの誤報と、それによる社会的な圧迫を受け、本学の細菌学・病理学などの教員と共同で病原体・環境汚染物質を検査し、北大の死因解析を補助することになった。

変性死体ではあったが、嗉嚢（そのう）の小指の頭ほどの大きさの膿瘍が目立ち（図３－３左）、組織病理からもかろうじて炎症像が確認された（図３－３中央）。また、かつ同部からブドウ球菌が濃厚に得られ（図３－３右）、以上から、免疫抵抗力を落とす要因が背景にあり、細菌の日和見（ひよりみ）感染が起きたと道庁に返した。おそらく、北大も細菌感染症説を提出するものと予想していたが、前述のように融雪剤中毒説を出された。本学の研究班では騒めいたが仕方がない。

なお、この顛末は、北大の結論が出る前に刊行された日本野生動物医学会のニュースレター二二号に、「我が国の獣医学にも法医学に相当するような分野が絶対に必要！ —鳥騒動の現場から」として、欧米でのサルモネラ感染症にも言及しつつ紹介した。試しに、検索エンジングーグルで私の氏名と法医学とで検索すると、二番目にCiNii上にあるこの論文がヒットした（二〇二一年四月一三日実施）。ご興味をお持ちの方は、ぜひ、ご覧いただきたい。

まず、受け入れ、それから悩む

今思い返すと、このスズメの大量死がきっかけとなり、〈塩辛・スルメ〉状の野生動物の死体を目の前に、いつ・どこで・だれが・なぜ・どのように、死んだのかなどを悶々と考える毎日が始まった。

さて、皆さんが気になるのは、融雪剤による塩中毒説（北大）とサルモネラ症説（麻布大）どちらが正しかったのかであろう。概して、後者とする見解が大勢を占めているようだ。だが、私はどちらも正しいと思っている。つまり、北大に後送されたスズメの新鮮な死体と、その前の麻布大に送付された変性死体とは、お互い別の「クラスター」であったと考えている。

たとえ融雪時期となっても、積雪を伴う寒の戻りがあり、そうなれば融雪剤を使う。「内地」（北海道弁で津軽海峡以南の地域のこと）では桜満開で、卒業・入学の華やいだ雰囲気であっても、ここ北

図 3-4 某警察職員専用宿舎に配布された全国紙朝刊の中にあったスズメの死体（写真中央やや左）と、その新聞紙の状態。浅川（未発表）

海道は全く違うのだ。そうなると、野鳥は筋胃に蓄積する小石（グリット）と間違えて融雪剤を摂取し、塩中毒死することがある。そういった個体が、病理学に適した新鮮な死体として北大に運ばれたのであろう。

実際、冬期には融雪剤中毒などで死ぬスズメが多いようで、たまたま見つけた死体を使って、迷惑行為に及ぶ不届き者がいるようだ。たとえば、二〇〇九年一月、某警察職員専用宿舎に配布された全国紙朝刊にスズメの死体が入っていたことがあった（図3-4）。職業柄恨まれることが多いからと、人為的なものと考え、ＷＡＭＣに依頼された。新聞紙上に糞尿や血液などの汚れはなく、脱落した羽毛も周辺にはなかった。単に、状態の良い凍結した死体であった。仮に生きた状態で筒状になった新聞紙の中に入って、最期を迎えたとしたら、確かに少々不自然であった。そのようなことから、所見には死体の作為的な投げ込みの可能性があると付記した。野生動物の死体をこういった迷惑行為に利用されることは、案外、多いのではないかと想像しているが、やめてほしい。何しろ、死体は貴重な寄生虫がいっぱい入った袋なのだから（えっ、そこじゃない？）。

それはともかく、最初の札幌・旭川のクラスターをしっかり検査していれば、後々の混乱はなかったということであろう。その経験から、乾燥や腐敗が高度に進行した死体でも、積極的に死因解析する分野が、獣医学には必要と痛感した。それが、死因解析で正統派の獣医病理学が受け付けない野生動物の死体を解析する「法獣医学の確立」という本書の目的につながる。

加えて、もし、今回の事例がサルモネラ菌やブドウ球菌などの細菌感染が餌台で起きたとするならば、野鳥を愛でる多くの人々の悪意なき「愛護精神」が引き起こした殺滅とも言えなくもない。餌台が細菌感染の温床になってしまうということである。あくまでも仮説であるが、このような仮説（危険性）もあるのだということを市民にも広く共有していただき、根本的な解決法を皆さんで探る契機としてほしい。

ご自身の敷地内における野生動物へ餌付けは、法律で規制できない個人の自由（権利）となっている。この点において、真の「根本的な」解決とは、要するに思想や法制度など「上流」に関わることである。とてもではないが、「下流」の、さらに末端に身を置く私には埒外（らちがい）であった。

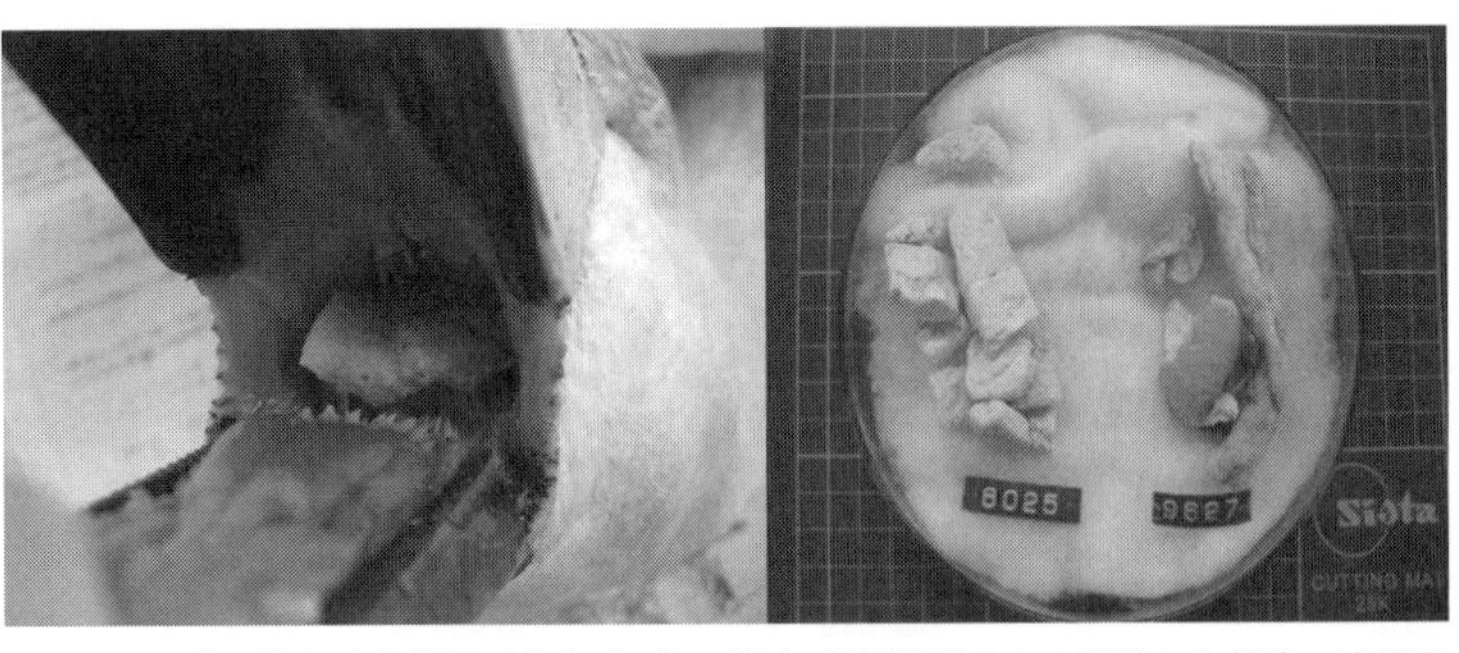

図 3-5　口腔（左）から採取された食パン（右）が摘出時のまま乾燥した標本。吉野ら（2010）より改変

が、ほんの少し、「上流」に関わることも経験した。そのきっかけは、動物大好きで無垢な人々が食パンを凶器にしてしまった事例であった。

餌付けは動物にとってマイナス？

ハクチョウ類への餌付けは、地域おこしや観光資源の目玉として国内の様々な地域で行なわれている。しかし、最近は、地方自治体や地元住民・団体を中心に独自の条例やルール作りを呼びかける動きも出てきている。その背景には高病原性鳥インフルエンザの発生があり、実際に、餌付けが道内に飛来する水鳥の命も縮めていたことが確認された。

犠牲者は二〇〇五年から二〇一〇年のいずれも一あるいは二月、ウトナイ湖および尾岱沼（おだいとう）で連続して回収されたオオハクチョウ計三羽の死体であった。二〇〇四年以来、ハクチョウ類を含むカモ類では、まず、鳥インフルエンザが疑われたので、この陰性を確認後、WAMCに搬入された。当時、鉛中毒が時折発生していたが、これら個体の腹部全面羽毛に鉛中毒特有の緑色の糞尿付着はなく、鉛中毒の疑いは棄却された。不謹慎かもしれないが、「久しぶりに美しい死体が来た」とワクワクしながら、嘴を開けると、奥のほうに何かが詰まっていた。食パンのようだ（図3－5左）。

ここで慌ててはいけない。もちろん、食パンのことは頭の片隅に置きながら、他の異常を探らなければならない。大好物の食パンを食べている時、突発的な事故・疾病で急死し、飲み込むことができなかったことによるかもしれないからだ。

せっかく、美しい状態で届いたので、できるだけ羽毛を汚さないように、胸の部分から切開しよう。しかし、カモ類は胸にまで正羽があるので厄介だ。正羽とは羽軸という棒状構造が付く普通の羽で、一方、これがないのが綿羽、要するに、あのダウンである。ダウンパーカーや羽根布団に、もし、正羽ばかり入っていたら、チクチクするはずだ。普通、胸の部分は熱を逃すため、正羽は欠くが、カモ類は例外的に水面に浮くため、びっしり生えている。

よって、剥製で剝皮（はくひ）する場合、通常は背開きするようだが、今回は、胸から腹部にメスを入れ、胸腹腔（きょうふくくう）を観察するように、切開された皮膚を左右に、いつもよりゆっくりと開く。内臓を覆う透明セロハンのような膜（気嚢）や肺の表面（漿膜面）に目を凝らす。カビのコロニーがないのを確認し、ほっとする。というのは以前、オオハクチョウではアスペルギルス症という真菌（カビの仲間）による病気を経験したからだ。カビなので、胸腹腔には胞子が充満している。それを勢いよく開けたので、煙のような胞子が舞った。これを吸い込むと、こちらがアスペルギルス症に罹患する危険性があり、喘息や肺炎、副鼻腔炎などを起こすことがある。幸いこのとき、感染はなかったのだが、その後の動物園水族館獣医師の集まりで、某水族館の方が、この疾病に罹患したペンギン類の病理解剖をした後、獣医師が肺炎になった話を聞いて、青くなった。だから、胸腹腔を切開するときは注意が必要である。

ところで、何度も「胸腹腔」という語を使っていたことを、お気づきになられたであろうか。人を含む哺乳類では、お腹の中の腔所は、横隔膜によって胸腔と腹腔とに分かれる。しかし、鳥類には横隔膜がないため、「胸腹腔」という表現となっている。したがって、横隔膜を貫通しない鳥類の消化管は、咽頭から肛門までを簡単に取り外せる。

さて、こうして取り外したオオハクチョウの消化管を観察してみると、咽頭から食道上部にかけて、前述した食パンが詰まっていた。他の剖検所見としては血液の暗色傾向と口腔と気管の粘膜に溢血点が認められた以外、栄養状態や肝臓色調などは正常であった。

以上から、餓死、密猟、交通事故や建造物・電線衝突等の事故死、鉛中毒、感染症など、オオハクチョウの死因として代表的なものは否定された。このように、野生動物の死因解析の多くは、地道に消去法で、〈死・殺〉の選択肢を一つずつ除いていき、決めていくのが定石であることを記憶に留めてほしい。テレビの法医学ドラマのように、ヒラメキで決めることは、ほぼないのだ。

さて、その法医学だが、窒息死の一般的な所見として、人では血液が暗赤色流動性であること、臓器との鬱血（うっけつ）、粘膜や漿膜（しょうまく）下の溢血点（いっけつ）などが認められるという。ただし、異物による窒息死の場合は、（いかにもテレビ好みの）縊死（いっし）、絞扼死（こうやくし）、溺死あるいは圧迫などによる窒息に比べて、特異的な所見に欠ける。また、大きな塊を飲み込もうとした場合に、咽頭粘膜に分布する上喉頭神経が刺激を受け、

図 3-6　ウトナイ湖で餌付けする観光客（上）と、それを全面禁止とした立看板（左下と右下）

反射的な心停止が起こる場合もあるという。

　このような性質が鳥類にも当てはまるかどうかは、今後の検討課題である。せいぜい、食パンが唾液や飲水などの液状物を吸収後、咽喉部にて著しく膨らんだ状態となり、気道を塞ぐことによる窒息が起き、ひょっとしたら前述のような心停止などが起きたのではないか、と留めておく。特に、致死の詳細なメカニズムは、鳥類の生理学、病理学、循環内科学などからの傍証を待とう。

　ところで、この所見が根拠となり、ハクチョウへの餌付けが全面禁止された（図3-6）。付近の道の駅内の掲示板に、私たちが出した所見を掲載した新聞記事があり、「こういう事実があったから」と餌付け禁止の根拠としていた。野鳥の立場を思うと適切なのであろうが、ハクチョウへの餌やりを観光の目玉に仕立て、餌を販売して生計を立てられていた方もいるから、複雑な思いがした。それに、カモメ類の餌付けを観光の目玉としている沿岸地域を周遊するクルージング、シカやサルなどが集まる公園で餌付けを続ける自治体・公的団体などは全国各地に多々ある。この水鳥公園だけ禁じても、モグラ叩きのような感じなのだが……。

このように、スズメの大量死と食パンを詰まらせて死んだオオハクチョウの事例の根源となったのが、まさに、餌付けである。そもそも悩ましいのは、餌付けについて、ほぼ野放しということである。たとえば、二〇二一年四月、国立・国定公園内での餌やりについて、罰則規定を伴った改定自然公園法が成立した。報道で取り上げられたので、何となく知っておられよう。それだけ、餌付けが法として禁止されること自体、珍しいという証左なのだ。

しかし、今ここで話題にしているのは、ごく普通の居住地域で、カラス類やドバト（カワラバト）に餌をあげ、集まってきた鳥類を愛でる行為である。ご近所に、そのような方はいらっしゃらないだろうか。私のもとにも、「（鳥が）異常に集まり不気味、健康被害も心配」という相談が多い。札幌を含む多くの市民が、本学代表番号に電話され、受けた総務課が内線で回してくれる。なので、当該部署からこういった事情でと言って来た刹那、長くなるなと覚悟を決めている。

たとえば、問題の場所が餌をまく人の土地（管理地）ではない場合、当該土地（公園、市道など）の管理者（多くは市町村）が餌付け禁止を求めることはできる。しかし前述のスズメのように、ご自宅内で行なっているバードテーブルの設置と同じく、自分の敷地内でいくら餌をまいても、自由で合法的である。つまり、誰しもそれをやめていただくような強制は、法的に権利の制限と解されてしまう。したがって、迷惑を受けている方々が一緒に、「糞害などが周囲に及んでいるので、どうか、やめていただきたい」などと柔らかい物腰で申し入れに行くのが現実的である。ただ、相手の方が明確な信念を持ち、あるいは、それしか人生の楽しみがないなどの理由から、強力に拒絶されたら、交渉は非常に難しくなる。いや、かえって餌付けを強化するかもしれない。

もちろん、被害に遭われている方々が、当該市町村の担当者に要望して、当該の餌付け場所周囲に注意喚起看板を設置する位はあろうが、根本的な解決になるかどうか……。やはり、その方の常識に期待するのが常套であると思う。たとえば北海道では、生物多様性保全等に関する条例には、指定餌付けを除くこのような行為に関し、

①人への依存を惹起し動物個体の生き抜く力を損なう恐れがある。
②人の食品を与える場合、調味料、添加物、油分などが動物個体の健康を損なう恐れがある。
③餌付けにより野生動物が集中することで、糞害などが発生する恐れがあり感染症リスクが（人獣ともに）が高まる。

などの観点から、「避けることが望ましい」としている。おそらく、多くの他府県でも同様な指針は準備されていよう。そういったものを引用し、かつ原因者の常識を信じ、根気よくお願いをしては如何であろう。

もちろん、訴訟する方法もある。餌付け原因者と被害者の権利の衝突であるので、最終調整は司法で行なうしかない。そうなると、現実的に餌付けによる「被害」を立証する必要がある。このあたりに、法獣医学の役割が見え隠れしそうだが、実際は難しいだろう。禁止命令を含むことになるので、一般訴訟で闘うのは難しい側面があるとしても、たとえば、糞害が明確に確認できる状況であれば、洗濯ものや車等が汚損したので、その洗浄費用として六〇万円未満を請求する少額訴訟を提起するなど、少なくとも、原因者への相当なプレッシャーを与えることができよう。もちろん、原因者が弁護士をつけ応訴してくると勝つのはなかなか難しく、当然、その時点で両者の人間関係は完全に破壊される。たとえ、勝訴したとしても、その「厄介な隣人」の近くで暮らし続けるのは辛い。どちらかの引っ越しなどを前提にしないと、そのような手段は安易に選択できまい。

楽しみがこれしかないという方には、伴侶動物飼育など代替案の提案なども、効果があるかもしれない。語りかけるだけでも、状況は少しでも改善されるのではないか。たとえば当該自治体が、その方を孤立させず、積極的に関わりを持つ機会を提供すること。個人的なことで恐縮だが、私は、本学に接した地域の自治会役員をやらせていただいている。当初は、本学の学生が迷惑をかけていないか、野幌森林公園に近いことから野生動物関連で問題は起きていないかなどを把握する目的で参加した。事実、キツネ・タヌキなどへの餌付けがあり、その対峙の場に居合わせるなど、得難い経験をさせていただいている。人間嫌いの学生に野生動物医学を職域とするのは難しいと指導するのは、このような経験からである。

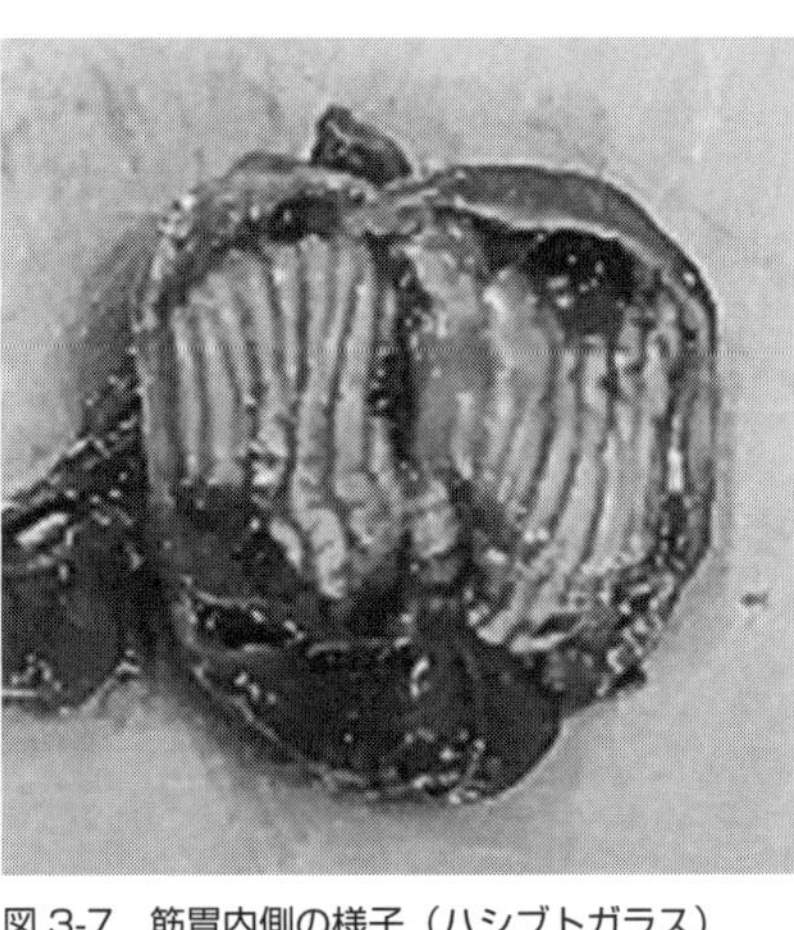

図 3-7　筋胃内側の様子（ハシブトガラス）

鉛散弾と紛らわしいBB弾

スズメの融雪剤中毒のところで話したが、野鳥は餌を丸呑みする。そのため、筋胃（砂嚢：図3－7）という、いわば咀嚼器官に歯に相当する小石を摂り込んで、餌を小さく分解する。小石と間違えて鉛の散弾を摂り込み、鉛中毒を発症する。そのようなことから、鉛散弾の使用が北海道では禁止された。なお、散弾のほかライフル弾も問題視されるが、これはもう少し後で述べる。ここでは、鉛中毒が疑われたタンチョウで経験したトリッキーな事例を紹介する。この事例は、本学大学院獣医学研究科修了後、釧路市動物園で学芸員となった吉野智生博士および猛禽類医学研究所との共著論文で、二〇一五年に公表した。なお吉野博士は、今もＷＡＭＣで研究生を継続されて、動物園や水族館を目指す学生らに刺激を与えている。

まずタンチョウは、北海道、いや、日本を代表する瑞兆の鳥種のような印象だが、ユーラシア大陸東部にも広く生息する。しかし、分布域は広大ではあっても、個体数は限られ、ＩＵＣＮや環境省のレッドデータブックで絶滅危惧種の扱いとなっている。北海道では、主に道東に周年生息する留鳥である。タンチョウは一九世紀後半までは北海道全域で多数生息していたが、二〇世紀初頭に五〇羽程度まで急減した。そこで、一九五〇年代前半から冬季人工給餌を行ない、約一五〇〇羽まで回復した。しかし、安心はできない。北海道内で恒常的保全をするため、彼らが野外で何を食べているのかの食性把握は欠かせない。

二〇一三年一一月、鶴居村(つるいむら)湿原にてタンチョウ幼鳥の死体が発見された。この種は前述のように国の特別天然記念物であり、絶滅危惧種としても指定されているので、スズメやカラス類のような場合とは扱いが明確に異なる。幸い、釧路には環境省釧路湿原野生生物保護センターがあり、道東では鉛中毒による犠牲者が多く、狩猟期にも入っていたことから、そちらへ搬入された。そのセンターには猛禽類医学研究所があり、レントゲン撮影装置も完備された鳥類医学最強の施設である。その結果、筋胃内に複数の粒状物を認めたので、スタッフは色めき立った。タンチョウの扱いの取り決めとして、剖検は釧路市動物園で行なわれることになっていたので、鉛中毒の疑いありとして、胃内容物の検査が念入りに行なわれた。

図 3-8　タンチョウの胃から見つかった BB 弾。吉野ら（2015）より改変

その結果、なんと、胃内容物からBB弾が見つかった（図3－8）。タンチョウの胃内容物としてはリングプル、平ワッシャー、釘、ビニール紐、プラスチック片などの人工物、金属の検出例が

あったので、ＢＢ弾が検出されたとしても不思議ではない。形状からグリットとして摂取したものと考えられる。ＢＢ弾はエアソフトガンに込める弾であり、サバイバルゲーム等で使われるもので、当該個体の回収場所付近には、確かに競技場があった。それにしても、Ｘ線像では鉛散弾と遜色なく映ったため、今後、鉛散弾との鑑別を明確にする場合、レントゲン診断だけでは難しくなったことを意味しよう。剖検の重要性が高まったのは評価するとしても、検討すべき死因解析の消去法の選択肢が増えることになった。

誤った正義感からの毒殺

そろそろ、「はじめに」で触れた事例を紹介しよう。カラス類の死体が複数、ほぼ同一地域に集中して見つけられ、それが地方の珍事として報道されることは稀ではない。しかし、その詳細な剖検記録が公表されていることは少なく、東北・関東地方で発生したカラス大量死がウェルシュ菌に起因する壊死性腸炎とコリンエステラーゼ阻害剤中毒によるものと、死因を明確にしたことは例外的である。

前者のウェルシュ菌に起因する壊死性腸炎による事案はＷＡＭＣでも経験した。つい最近、道南の名水で知られた自治体において、カラス類を有害捕獲（駆除）する目的で設置した大型のケージ式罠内で生け捕りしたカラス類がすべて死んだ。駆除が目的なので、最終的にはこれら罠にかかったカラスたちは安楽死させられるが、その前に死んでしまうことは謎の感染症を想起させ、住民は恐怖でしかない。そこで、道庁経由でＷＡＭＣに依頼があり、調べたところ前述の腸炎が確認された。カラスを生け捕りにした罠では誘き寄せ用餌として有害捕獲したシカ残滓（シカ肉の残り）が使われており、それが腐っていたことが原因と目され、その村には、ひとまず静穏が戻った。

後者のコリンエステラーゼ阻害剤中毒は無許可で農薬を散布した殺戮であり、容認されることではない。私も噂に聞いていたが、「所詮、よそごと」とたかをくっていた。だが、ここ北海道でも起きてしまった。

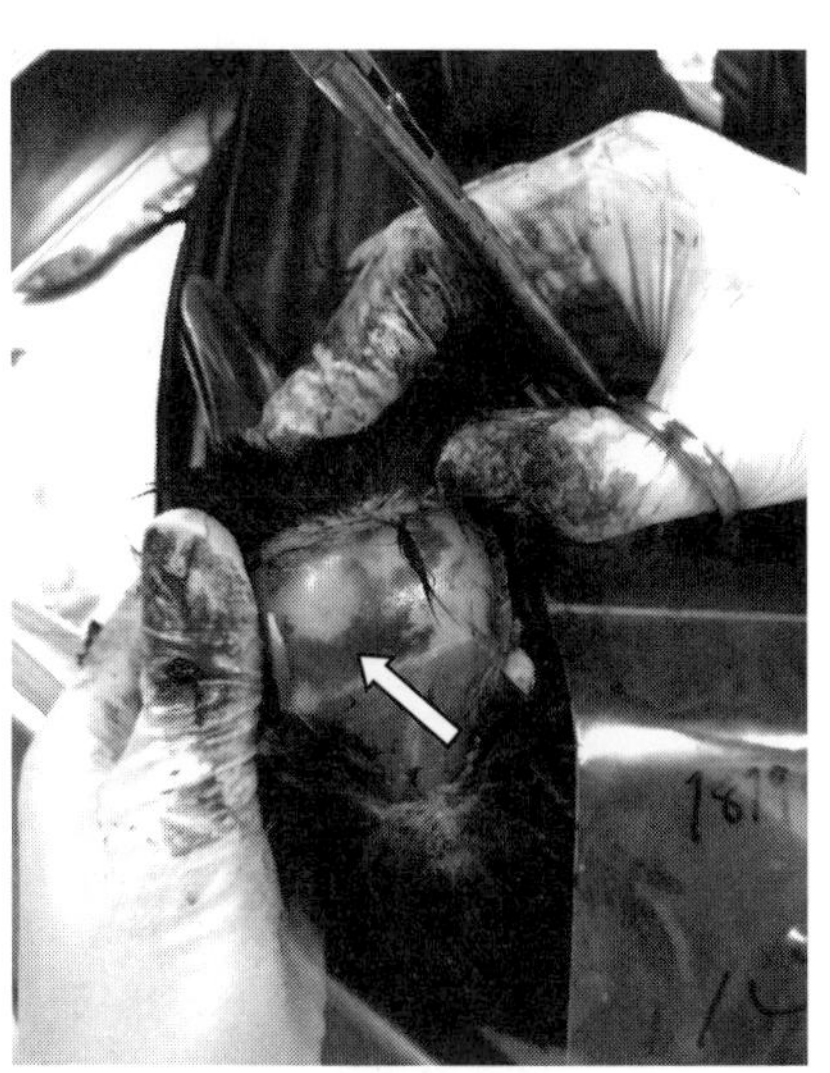

図 3-9　シアノホス中毒のカラス頭蓋骨の様子。後頭部に血液貯留（矢印）がやや著しい。岡田ら（2020）より改変

二〇二〇年九月、札幌市民の憩いの場であるとある公園で、ハシブトガラスとハシボソガラス合わせて三〇以上の死体が見つかった。うち一〇個体（ハシブトガラス九個体およびハシボソガラス一個体）がＷＡＭＣに搬入され、運営規定上、バイオリスク軽減のため、キットを用いた高病原性鳥インフルエンザウイルスおよびウエストナイルウイルスの簡易検査を実施して陰性を確認した。なお、原則、本書で扱う他の個体でも、同様な検査をして、陰性確認を行なっているので、以後は省略する。

まず体表検査であるが、羽毛の状態と体部測

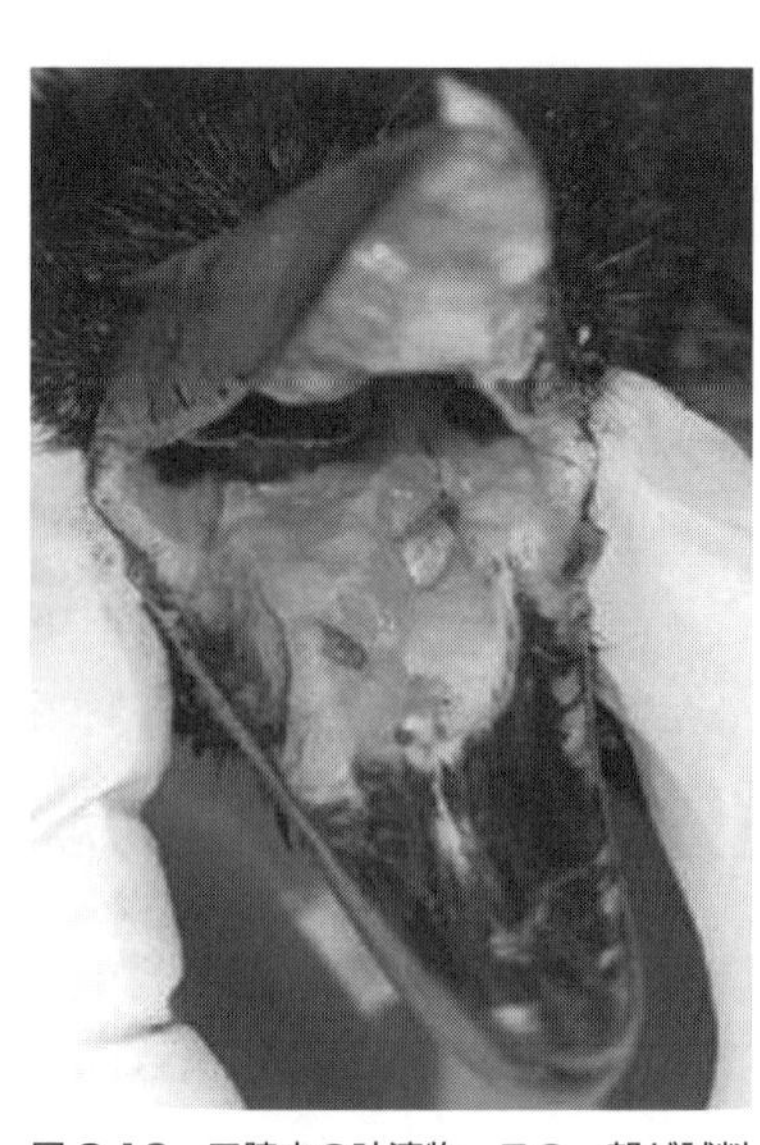

図3-10　口腔内の吐瀉物。この一部が試料として科捜研に渡された。岡田ら（2020）

定値から若鳥とされた個体が六割以上を占め、皮下脂肪および胸筋の状態から栄養状態は良好、外傷・骨折等も認められなかった。当初、季節柄、前述した壊死性腸炎が疑われたが、腸粘膜でそれを示す肉眼所見は一個体を除き認められなかった。一方、それ以外の全身的な出血傾向（図3－9）から、まず、コリンエステラーゼ阻害剤中毒と見立て、さらに口腔と胃内容物に黄染傾向（図3－10）から有機リン剤シアノホスと仮診断して、依頼主の警察に回答をした。お忘れかも知れないが、「はじめに」で述べたように、検査標的は一つに絞って依頼しなければならないのだ！　そして、科捜研で内容物の分析が行なわれ、ハシブトガラスすべてからシアノホス確認の結果を得たという。ハシボソガラスからは未検出だが、得られた試料が少なかったからかもしれない。

シアノホスは有機リン系農薬で、殺虫剤として汎用される。一般に、有機リン剤の毒性は哺乳類よりも鳥類に対して強く働き、そのため、国外では「殺鳥剤」としても使用されているようだ（私はそのような用語すら知らなかったが……）。有機リン系殺虫剤投与により、脳および神経のコリンエステラーゼ活性が大幅に阻害されるので、剖検で認めた鬱血傾向はこの症状の一つである。

いずれにせよ、こういった薬剤が、自然にカラス類の口に入ることは有り得ない。おそらく、群がるカラス類が人々に不快感を与えることに憤慨した誰かが、「正義感」を発露し、毒餌に混ぜ、この黒くて汚らしい悪者を成敗したのだろう。しかし同時期、本学附属動物病院獣医師との立ち話で、その付近の飼犬が、この薬剤によって死んだことを知り得た。その犬がこのとき使用された毒餌の一部を誤って摂取したと想像された。このように毒餌散布の標的は、カラス退治という散布者の意図を離れていくので深刻である。

さらに、カラス類といっても狩猟対象種なので、厳密に運用すれば鳥獣保護管理法に違反することになるが、大々的な捜査が行なわれなかったようだ。それに、我々がこのように原因物質特定をしても、もうすでに社会は発生当初ほどの関心を示さない。そもそも最初もそれほど大きなニュースとはならなかったので、一般が知る機会はほぼない……。となると、当事者は安心して、この行為を続けることにはならないか。

事実、翌二〇二一年四月（よりによって、本学入学式当日）、さきほどの公園から直線距離で北方約三キロメートル離れた場所（某大学グランド脇の公園）で、カラス類の死体が見つかった。ただし、見つかったのは四羽とだいぶ少ない。種は、前と同じハシブトガラス、ハシボソガラスの二種。また、口腔内に吐瀉物が認められたのも、たった一個体であった。

ところで、距離的に近接はしていても担当警察署の管轄は異なり、前年の事例と扱った署との情報交換がないまま、こちらに依頼がなされた。加えて、新年度が始まったばかりで、警察署も人事が刷新したということも、混乱に拍車をかけていた。死体を持参した警官に、「同じような過去の事例を、あらかじめ警察署間で共有してほしい」など、こういった事案における注意すべきことなどを、再び、一から説明することになった。一瞬、蟻地獄に突き落とされ、砂の壁をよじ登る気持ちがした。本学のように小さな私立大学ですら、縦割り間の溝はあり、隣の研究室が何をしているのかわからないほどなので、警察のような大きな組織では、さもありなんということか。

それはともかく、今回の個体からもシアノホスが検出された。ただし、その陽性率は、四個体中二個体の五〇％（前回は九〇％）。口腔および胃内容物のサンプル量や状態が不良であったのか、採材の仕方が不適当であったのか、混ぜた餌の性質で検査に影響が出たのか。中途半端な結果の解釈に悩まされた。

まだ続く。同年同月、札幌市から北西に約三〇キロメートル離れた小樽市某住宅地でも、一八個体のカラス類の死体が、半径一五〇メートル以内の範囲で発見された。ちょうど、カモ類の北帰行の時期に当たり、地元では鳥インフルエンザが懸念された。そこで、その地域を管轄する家畜保健衛生所で簡易試験を実施して、陰性を確認した。その後、状態の良い三個体を除き、すべて廃棄された。この三個体は約二週間、その港町を管轄する警察に冷凍保存されていた。

どのような背景で、この警察署が札幌で起きた二つの事件を聞き及んだのかは知らないが、五月になって、当方に検査依頼がなされた。同じように検査され、今度は三個体全部からシアノホスが検出された。この事例により、死体が冷凍されても毒性成分は検出されることがわかったが、毒を混ぜた餌は、依然、特定されていない。埼玉県や神奈川県でも斃死したカラス類からシアノホスが検出された事例があるが、そこで用いられた餌はパンであるという。しかし、私たちが経験した事例では、死ぬ直前に吐出してしまったのか、胃内容物は少なく、得られたモノも、形状が定かではなかった。

当然、私たちにはこれらの事例がすべて同じ人物によるものかどうかもわからない。ただ、比較的短期間に、札幌とそれに隣接した限られた範囲で、同じ毒物によるカラス類の殺戮が繰り返されたということだけは事実である。今後の再発防止のため、この事例はしっかり調べられていることを広く示すべきであると思う。そう、このような虚しく悲しい作業を、これ以上、私たちにさせないために。

血液も引力の影響を受ける

カラス類の事案で認められたように、出血する傾向を示す場合、死体を観察する際の留意点がある。まず、鳥類の骨は、ペンギン類のようなごく一部の例外的な種を除き、「含気骨(がんきこつ)」というタイプであることはご存知であろうか（これに対し、爬虫類・哺乳類などは「緻密骨(ちみつこつ)」）。「含気骨」であることは、骨密度を小さくして、体重を軽量化させ、飛翔する場合にこのうえなく有効に働く。また、齢を重ねるにつれ、骨の含気化（骨化）が進行するとされる。したがって、含気骨の状態は、当該鳥類個体の成熟度を示す指標にも応用される。これを観察しやすい場所が頭蓋骨である。このような変化は生理的なものであり、ほぼ左右対称に変化する（図3－11）。

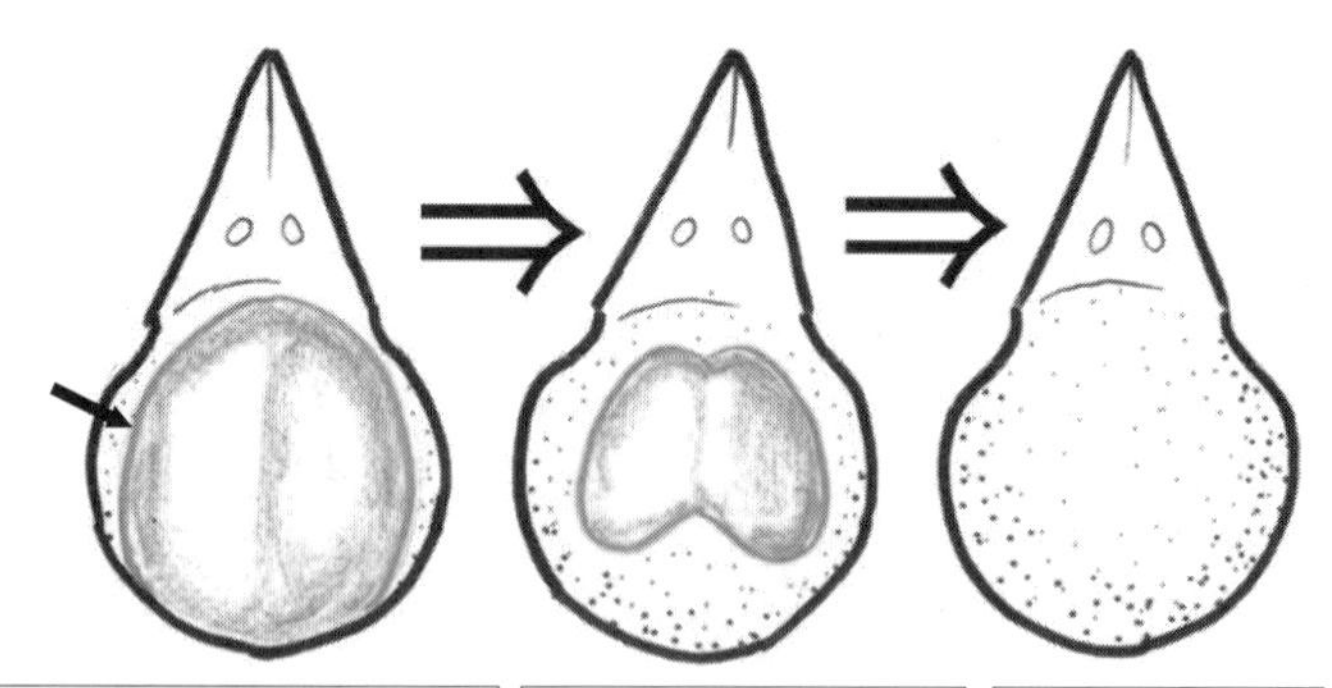

図 3-11　頭蓋骨頭頂部から観察した含気化する様子の模式図。野生動物救護ハンドブック編集委員会（1996）などを参考して描く

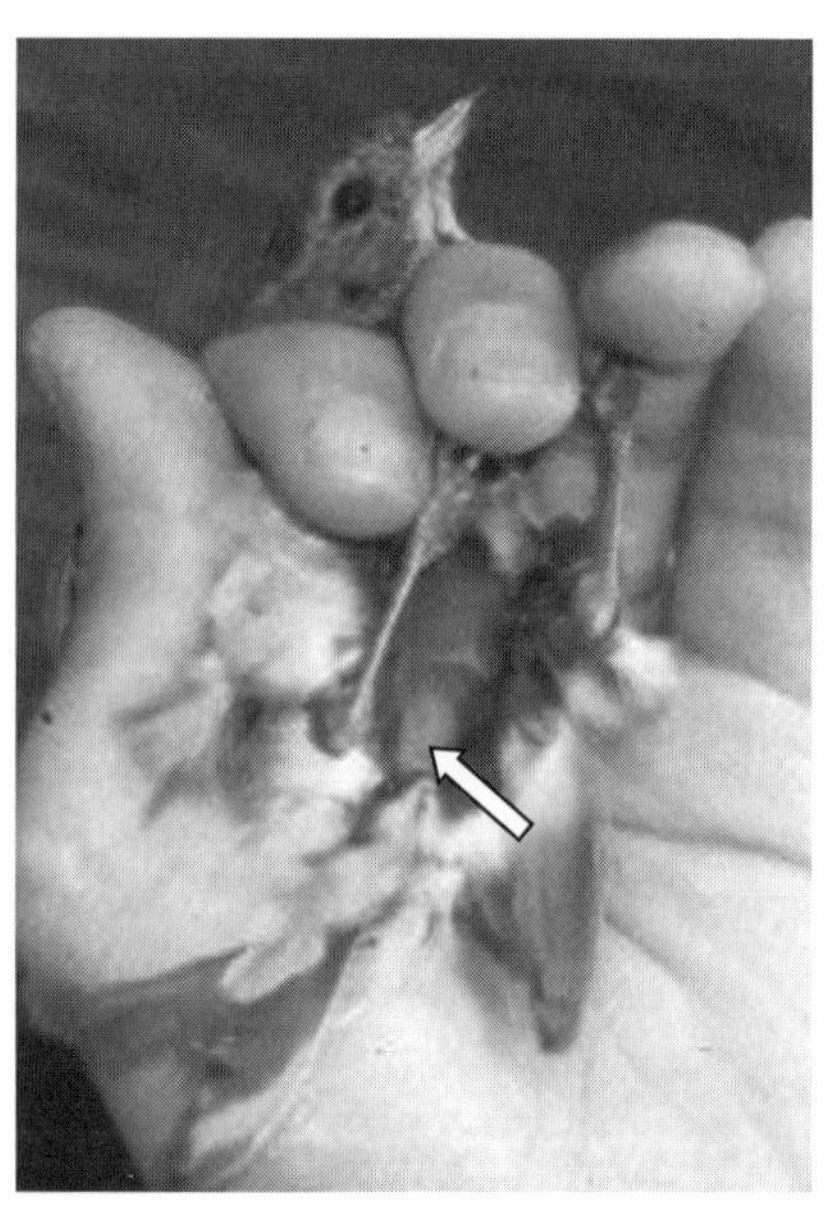

図 3-12　生きた個体で抱卵斑（矢印）を観察する様子

しかし、頭部で衝突が起きて当該箇所で内出血すると、当該箇所に血液が侵入する。また、左右どちらかを下にして横たわった死体では、引力により血液の貯留が下方に溜まる。そうなると、非対称な赤／白パターンとなる。前述したシアノホス中毒の症例でも（図3－7）、下方に血液貯留がやや著しいが、これもそのような影響があったと考えられる。

内出血病変と間違いやすいのが、腹部に生ずる抱卵斑である。卵を温めるため（抱卵）、腹部羽毛を抜き、卵座の材にする。これは卵殻を守るうえで重要であるし、皮膚を露出することで（図3－12）、熱が卵に直接伝わる準備をする。羽毛は空気を含む優秀な断熱材なので、羽毛が付いたままでは熱が伝わらないからだ。抱卵直前になると、腹部血管に大量の温かい血液を送り出し、さらにヒートアップさせ、孵化促進の体温を高める。抱卵斑と内出血はよく似ており、このような状態を知らないと、たとえば、腹部の内出血と見誤った所見をとってしまうこともあるので注意したい。

救命のため学ぶ毒

獣医毒性学という分野がある。一九八〇年代初期、獣医学教育が四年制から六年制に移行する際に、義務付けられた新分野である。この学問はあまたの毒（≒化学物質：モノ）と、それらが体にいかに悪影響を与えるのか（＝毒性：コト）を研究する分野である。毒性学が獣医学教育の中で義務付けられる前は、薬理学や公衆衛生学の中で扱われていた。重要な学問であるという認識はあったものの、公害や薬害などが続発する当時、薬理学や公衆衛生学分野では十分な研究はなされなかったのだ。

さて、毒性物質としては、すでに触れた①金属（鉛など）や②農薬（殺虫剤など）のほか、③医薬品、④環境汚染物質、⑤生物毒（天然毒）がある。これら以外に食品添加物、化学工業薬品、産業廃棄物、家庭用化学薬品、放射性物質などもあるし、身近ではないが化学兵器も包含される。

このような毒性学で用いる分類のほか、法毒性学ではトキシン（toxins）、トキシカント（toxicants）およびゼノバイオティクス（xenobiotics）に分ける方法もある。まず、トキシンは細菌を含む生物に由来した毒のみを指す⑤の生物毒である（毒＝トキシンではなく、毒⊃トキシン）。一方、トキシカント（有害物質）は生物・非生物に起源する毒なので、①から⑤までのすべて。最後のゼノバイオティクス（生体異物）は、その動物個体（死体）に由来する以外のすべてのモノを指す。毒々しいトキシカントはもちろん、健康増進のために投与された薬品やサプリメント、そして食物（餌）も入る。前述したオオハクチョウの食パンは、まさにこのカテゴリーに包含されたが、以下では、①から⑤の野生動物の殺傷要因となるモノについて少し補足したい。

①金属：古来、鉛は水銀・ヒ素とともに金属毒薬の御三家である。鉛は造血組織や中枢神経などに悪影響を及ぼし、著しい溶血の影響で、糞が濃緑色となる。本学動物病院にも、鉛中毒に罹患したオオハクチョウが何度か入院したことがあったが、動きも緩慢になるので、排泄物を羽繕いで除くこともできず、腹部に付着したままで酷かった。こういったオオハクチョウを含むカモ類や前述のタンチョウ等ツル類などの鳥類は、鉛製散弾（図3－13上）を筋胃内に送り込む小石と誤って摂取し、この中毒になる。

一方、海ワシ類が鉛中毒に罹患する多くの場合、原因は同じ弾丸でもライフル弾となる（図3－13下）。海ワシ類はシカの死体も餌にするが、そのシカがライフルで撃たれていた場合、ライフル弾の

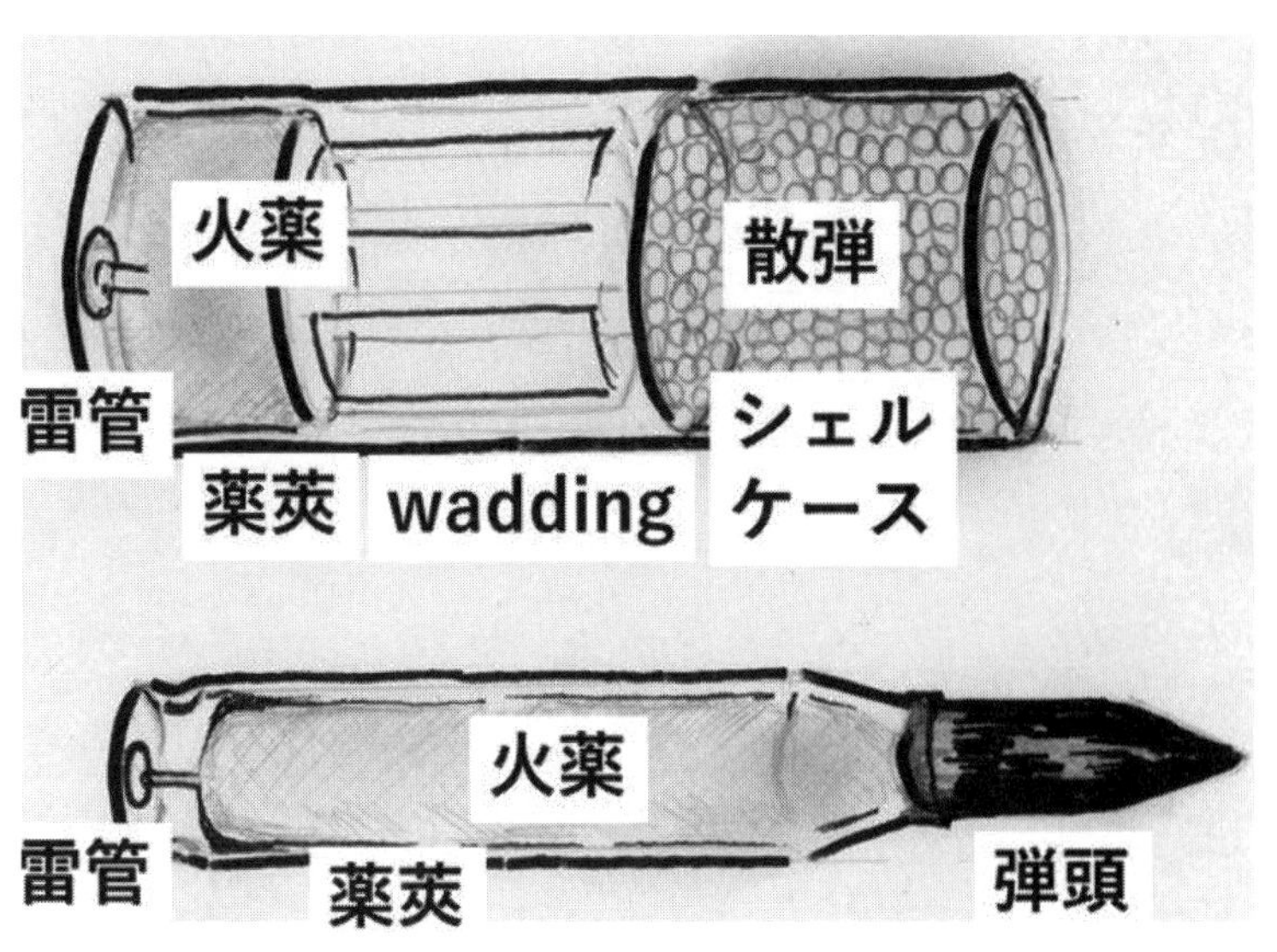

図 3-13　弾丸模式図（散弾銃：上、ライフル銃：下）。Munro and Munro（2008）などを参考に描く

射入口周辺の筋肉内や内臓の中に鉛破片が散在している。弾丸の入った傷口部分は、皮膚が崩れて筋肉が露出し、柔らかい。特に、海ワシ類は、主食の魚類とよく似た柔らかいその部位に集中して嘴を食い込ませるので、鉛製ライフル弾の破片も一緒に摂取することになる。症状は他の鳥類と同じで、濃緑色の糞が生成される。

以上から、二〇二一年九月一〇日、環境省は鉛弾の使用を二〇二五年度より段階的に規制することを決定した。

このようなことがあった。釧路市に所在する猛禽類医学研究所で、我々は鉛中毒で入院していた海ワシ類の糞便から回虫類を見つけた。その卵殻が鉛中毒を示す緑色色素に染まり、まるでエメラルドのように美しかったのである。印象的な出来事であった。なお、他の猛禽類は、散弾や釣りの重りを摂取した水鳥類を食べて二次的な鉛中毒になる場合もあることを付記しておく。

水銀は有機水銀（メチル水銀）という形で水俣病のような公害も引き起こした。ヒ素では和歌山毒物カレー事件（一九九八年）のような大量殺人現場で登場しても、野生動物で深刻な事件は知られない。もちろん、ヒ素ミルク中毒事件（一九五五年）のようなこともあるので、動物の人工乳に混じらないとは限らない。

前述までの御三家に比べれば重要度は低いが、亜鉛には次のような実例がある。北海道内のシマフクロウ飼育施設で、施設の土壌中に含まれた亜鉛が二個体のシマフクロウに摂取され、腸内の大腸菌の増殖を招いた。そして、この大腸菌が毒素を分泌し、それら二個体は重篤な腸炎を起こして死んだ。また、銅も危険だ。ナメクジ駆除剤に銅が包含されるように、銅イオンには軟体動物に対し強い毒性を示すことが知られているので、特に水族館では細心の注意が必要である。さらに、船底塗料に含まれた錫が、軟体動物やプランクトンの生存に強い悪影響を与えることも留意しなければならない。

②**農薬**：殺虫剤は、かつてはＤＤＴなどの有機塩素剤、あるいは酢酸フェニル水銀などの有機水銀剤が使用されたが、分解されにくく残留性が高いため、現在では使用禁止である。今日は、抗コリンエステラーゼ剤が使用され、有機リン剤とカルバメート剤とが含まれる。札幌などのカラス類が殺された事例のシアノホスは、有機リン剤に包含される。このカテゴリーでは、フェンチオンという国外では殺鳥剤（日本では不許可）として使用されるものがある。実際、二〇〇五年、斃死したタンチョ

ウから、この物質が検出されたことにより、厚生労働省などはフェンチオン使用の自粛要請をしたほどだ。フェンチオンは無色であり、ニンニク臭がするらしいが、剖検の肉眼では所見が得にくいそうだ。厄介である。

一方、カルバメート剤の代表的な毒性の薬剤はメソミルである。たとえば、その粉末をソーセージなどの中に仕込んで犬を殺す事件が頻発している。メソミルは青緑色をしているので、現場周辺の毒餌・吐瀉物あるいは剖検時の胃内容物で確認が可能かもしれない（図3-14）。狙われた犬以外の野生動物が毒餌を食べて中毒を起こす二次被害を防ぐ意味でも、周辺調査は綿密、かつ迅速に行なう必要がある。

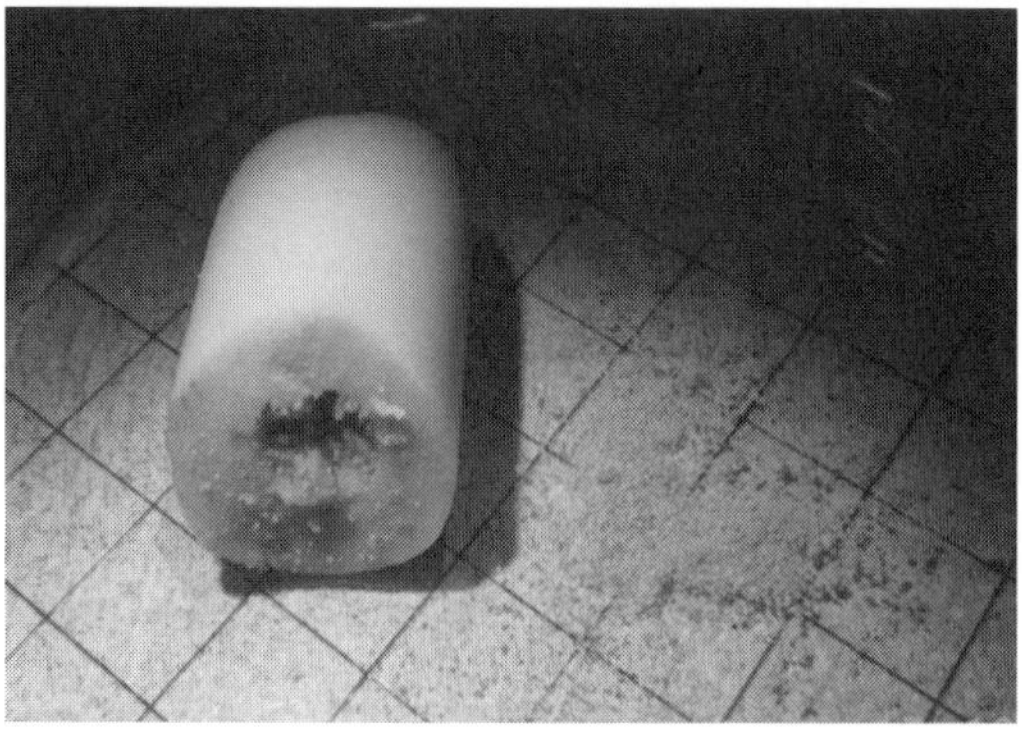

図3-14　撮影のためDIYでメソミルを購入、魚肉ソーセージを詰めたダミー毒餌。浅川（未発表）

その意味で、私には苦い思い出がある。

二〇〇二年初夏、本学が所在する江別（えべつ）市郊外の下水処理場敷地内で腐敗したキツネ（北海道産アカギツネでキタキツネという愛称）の死体（成獣二個体および幼獣四個体）が回収され、同市警察から私のもとに運ばれ、死因解析を依頼された。WAMC附置の二年前でもあったので、私は今よりも断然未熟であった。なお、一九九四年秋以降、本学の野生動物学も兼任という立場上、WAMC創設以前から、私のもとにはこういった類の相談はちょくちょくあった。この事例も、何となく犬の事件で悪名高いメソミルを連想する程度の知識（いや、山勘）はあった（働いた）。そこで、現場での毒餌確認の有無を聞くと、その確認作業は十分に行なわれていなかったようだ。私のほうも腐敗死体に全く歯が立たず、何もわからないまま結果を返した。実に後味の悪い記憶として心中に封印したのだが、十数年後、その封印が、突然、解かれた。

二〇一九年春、東京の公園でドバトを殺害・逮捕のニュースが流れたが、その方法が、あのメソミルを水に溶かし、米に染み込ませ乾燥させたモノを用いたという（二〇一九年四月三日、朝日新聞デジタル）。メソミルの語にドキリとしたが、犯人が某私大教員（男性、准教授）だったことにも驚愕した。「もしや、動物関係？」と心配したが、別の分野であり安堵した。

落ち着いて記事の内容を読むと、逮捕容疑が鳥獣保護管理法違反であったという。この法律の狩猟鳥にキジバト（山鳩）は含まれるが、殺害されたドバトは含まれていない。だが実際は、ドバトを捕獲したり殺したりしても違法となるようだ。また、公園の防犯カメラ映像、家宅捜索によるメソミル発見、動機の自白などが逮捕の決め手となったが、犠牲となったドバト死体の剖検の有無は不明であった。剖検によりメソミルがその体内から検出され、かつ病理所見でこの薬剤による急性中毒であることを証明しておく必要があったと思う。裁判では誰もが納得する証拠が必要で、この場合、犠牲となったドバトの剖検所見と体内からの毒物の検出であろう。そういう場で活躍するのが法獣医学であるのだが……。

長くなった。殺虫剤を除く農薬だが、この他、用途により殺鼠剤、除草剤、植物病薬などがある。もちろん、意図的に散布するものであるから、畢竟、効果を期待して量も多くなりがちで、これが環境汚染の原因となる。レイチェル・カーソンの『沈黙の春』はこの影響を憂い、生物濃縮の関わりを絡め、警告したまぎれもない名著だった。特に、日本の野生動物に影響が明確に示されている一つが、殺鼠剤のジクマロール剤（クマリン剤、ワルファリン）である。殺鼠剤で弱った動物を捕食した猛禽類が致死する。これをケミカルハザードの一例としている。

少し注釈すると、ジクマロール剤の殺鼠剤を摂取した鼠は、明るい所に出て来て死ぬ傾向がある。室内のどこかで死んで、そのまま腐っていたとしたら、想像するだけでも嫌だろう。なので、商品化するうえで、これは重要な機能なのである。ジクマロールの毒性は血液が固まる機能を妨げる抗凝血作用である。細胞を扱った某テレビアニメ番組のおかげで、一般の方でも、出血部位で大活躍するのは「血小板ちゃん」という常識が定着している。もし、ご存じなら、出血部の場面を思い浮かべてほしいが、血小板が作るネット状の仮堤防では隙間があり完全ではない。あくまでも、緊急造作なので、その隙間を埋める必要がある。その物質がプロトロンビンである。これは肝臓で合成されるが、その合成をビタミンKが促進する。そして、ジクマロール剤は構造的にビタミンKと似ているくせに、プロトロンビン合成促進の働きをしない。つまり、気が付いたらプロトロンビンがなくなっていたとなる。そうなると、体内で出血傾向が高まり、毛細血管の決壊が網膜で最初に起こって、そうなるといきなり視力障害が起き、少しでも明るい所を求めて、彷徨うことになる。そして、屋外で最期の時を

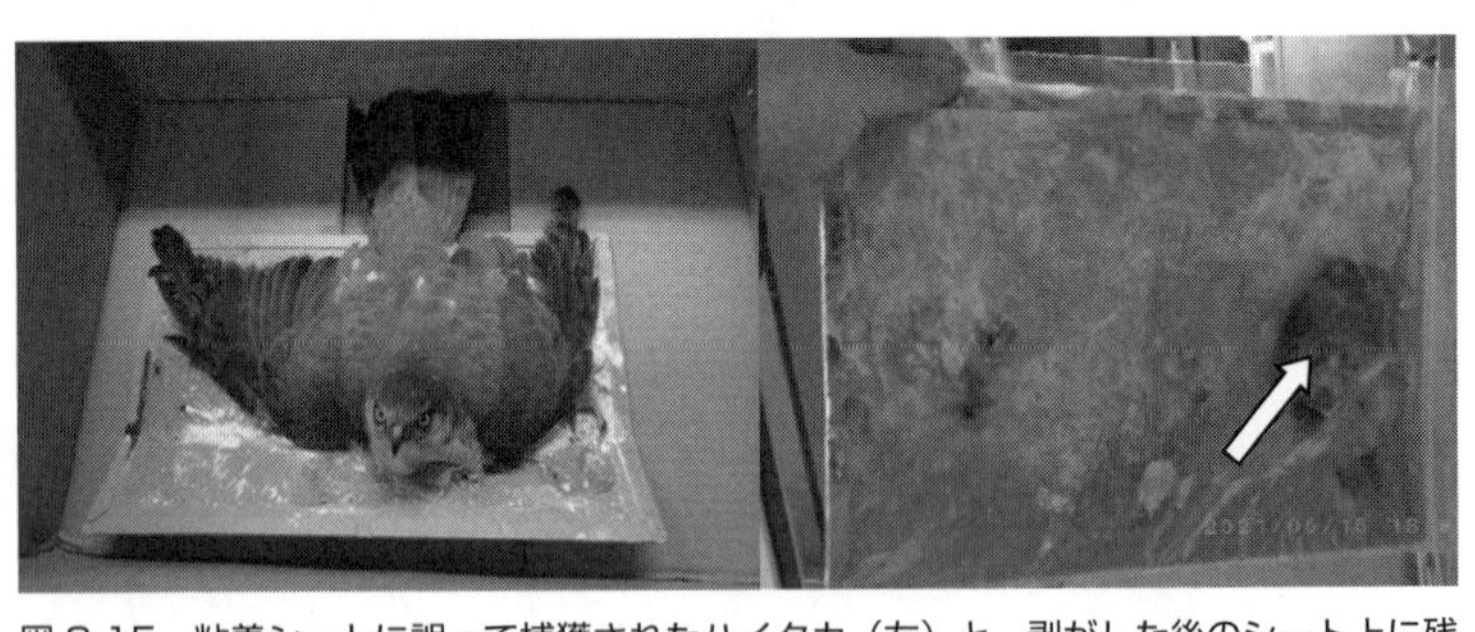

図 3-15　粘着シートに誤って捕獲されたハイタカ（左）と、剥がした後のシート上に残された鼠（右、矢印）

迎える。たかが鼠、されど鼠。それを衛生的に駆除する薬剤を開発するには、こういった学問的な背景が必要なのである。

住宅地では、猛禽類はあまり生息しないが、たとえば、島に外来種として生息する家鼠をジクマロール剤により駆除する場合、彷徨（さまよ）う鼠を猛禽類が狙うことになる。相手はフラフラしているから、いつもより捕獲が容易い。しかし、鼠の体内にはジクマロール剤が残っているので、捕食した猛禽類に間接的にこの薬剤が摂り込まれる。そして、鼠で起きたことが猛禽類にも起きて……。以上が、化学物質が自然生態系に悪影響を与えるケミカルハザードの大まかな流れとなる。

ところで、鼠駆除の話題が出たついでに注意してほしいことがある。それは殺鼠剤ではなく、ゴキブリ捕虫で開発されたトラップを大きくした粘着シート状の罠である。野外でこれを設置すると、日中、鳥類が間違えて捕獲されてしまうことがある。現に、この原稿を作成している最中の二〇二一年五月、ＷＡＭＣにその被害者が入院した。罠に最初に捕獲された鼠（エゾヤチネズミ）を狙って、自分も絡めとられたハイタカである。本学付近の市民により持ち込まれた（図３－15）。

罠から取り外すため、まず、ＷＡＭＣの憩いの場である研修室内の小さなキッチン棚を物色する。天ぷらを作るのではない。植物油（サラダ油）と小麦粉を探すためだ。これらを使い、さらに飛翔に油は有機溶媒を含む粘着剤を溶かし、小麦はその粘着力を削ぐためだ。苦闘約二時間の果て、哀れなハイタカはあまり影響しないと考えられる羽の先のごく一部を切断し、自由になった。予想以上に時間がかかったが、とても元気だ。羽繕いも始めた。しかし、これは織り込み済み。仮に経口的に摂り込まれても毒性の心配がない植物油と小麦粉を「特効薬」として使ったのだ。しかし、植物油の使い過ぎは、体温を奪うので注意が必要である。一昼夜様子を見て、翌日、放鳥した。これは幸運な事例ということだけはお忘れなく。粘着式トラップ設置には、他の野生動物に配慮し、十分気を付けてほしい。

実は、鼠を含む害獣を捕獲する罠で、野鳥や他の哺乳類、時には、蛇などの爬虫類など、標的以外の動物が捕獲されることはよくある。これには当然ながら、第二章でふれた学術捕獲の場合もあるので、特に、野外の野生動物を対象にする学生さんには、そういった調査研究で無駄な殺戮をしないことをお願いしたい。

③医薬品：医薬品は、当然、霊長類の一種である人の体内に、故意に摂り込まれることを前提にして開発された。医薬品は体内で適切に代謝されないと、副作用、すなわち毒性が生ずる危険性がある。たとえば、犬ではアセチル化、猫ではグルクロン酸抱合という代謝系酵素を元々欠いているため、この代謝系に分解を依存する医薬品を、犬あるいは猫へ安易に転用すると、健康被害が生ずる。

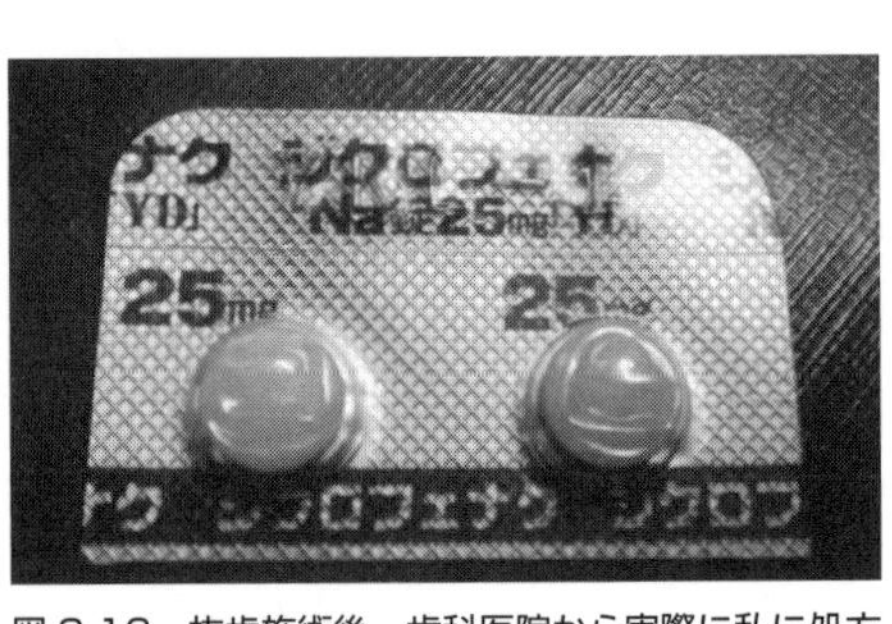

図 3-16　抜歯施術後、歯科医院から実際に私に処方されたジクロフェナク錠剤

ついでに覚えておいてほしいのは、薬物代謝の働きは二四時間年中無休ではないこと。たとえば、いまだに夜行性の特徴を残すペット用コウモリ類は昼間寝ているが、寝ている昼間は薬物代謝も休んでいる。したがって、動物病院の通常の診療時間である日中に、麻酔薬を投与すると、効き過ぎてしまう危険性がある。このように、たとえ一つの医薬品であっても、あまたの動物種を対象にすれば、その性格の見極めは非常に難しく、時に全く予想していないことが起きる。

たとえば、解熱鎮痛薬としてよく使用されるジクロフェナク。これを家畜にも鎮痛薬として投与されることがあるが、その家畜が治療の甲斐なく亡くなった後も、その死体の筋肉・骨髄などに蓄積している。多くのアジア・アフリカ諸国は、そのような死体を埋設しない。ハゲワシ類が骨まで食べるからだ。

ところが、死体に蓄積されたジクロフェナクがこの鳥類に毒性を示し、多くのハゲワシ類が死滅した（第2章）。ジクロフェナクは比較的安価なので、医薬品から獣医療薬に転用されたものである。皆さんも、頭痛や歯痛などで、この薬のお世話になっているはず。しかし、これが野放しになると、世界のどこかで野生動物が死ぬのだ。今後、この錠剤を見る機会があったら（図3-16）、獣医療薬として使われた場合、薬害があること、その発生は予想もしていなかった形で起こることを思い出してほしい。

④環境汚染物質：この中には、聞くだけで恐ろしいダイオキシン、DDTおよびPCBなどの物質が名を連ねる。元々は人類が様々な産業のために開発した化学物質であったが、不適切な処理をせず排出され、自然環境に蓄積された物質である。一九五〇年代から一九七〇年代にかけ、欧米の猛禽類や魚食性鳥類の個体数が急減したが、それは、DDTの代謝産物p・p'-DDEにより卵殻が菲薄化し、抱卵時の親鳥の重さに耐えられず、孵化が失敗したことが原因とされる。また、DDTはエストロゲン様物質として、不自然な雌化を爬虫類や鳥類に誘引することも示唆されている。

さらに、PCB汚染は大西洋のアザラシ類の妊娠率低下の原因と考えられているが、一九九〇年代、DDTと複合して、欧州域の大西洋では、多数のアザラシ類が新興感染症で斃死した。これに心を痛めた人々の浄財によりいくつかのアザラシ病院が、大西洋沿岸各地に設立された。PCBやDDTが体内に摂り込まれると、免疫機能が低下する傾向がある。そうなると、それまで感染しても大した病原性を示さなかったウイルスが、急に疾病状態を醸し出す（要するに、病気になる）。これを日和見感染症という。

誤解があるかもしれないので少し説明するが、病原体と感染症とは、天と地以上に異なる。病原体はモノ（生物と非生物）、感染症はコト（症状を伴った事象、出来事）だからだ。そして、病原体の中には感染しても、必ずしも、病気という現象にはならない。体には、元々備わっている抵抗力（免疫）があるからだ。

図3-17　1990年代、北海道沿岸で有害捕獲されたアザラシ類

この抵抗力を維持するためには、適切な栄養の摂取や無用ストレスがないことなど、様々な条件がある。また、抵抗するための細胞（白血球やマクロファージなど）や蛋白（抗体）などが、正常な生成・機能を阻害する悪玉物質に暴露されないことも必須である。それら悪玉物質の一つが、海中投棄された産業廃棄物である。これが、②の農薬同様、海獣類の餌になる魚類体内に生物濃縮され、最終的に日和見感染症を招聘する。このアザラシ類の新興感染症では、ジステンパーが知られる（病原体は犬ジステンパーウイルス・アザラシジステンパーウイルスなどモビリウイルスの仲間）。

幸い、北海道で周年生息するゼニガタアザラシでは、今までのところ、こういった感染症は起きてはいない。もちろん、未来のことは不可知なので、モニタリングが必須となる。アザラシ類の若い個体はたびたびWAMCにも運ばれるし、有害捕獲という形でも死体は多数出る（図3-17）。こういった個体をウイルス保有状況のモニタリング用に、無駄なく利用し、大量死を未然に防ぎたい。

⑤生物毒：ダーウィンの『種の起源』は有名であるが、副題を知る人はあまりいないだろう。それは「Struggle for Existence」（生存競争）で、これこそ進化論のバックボーンであると宣言しているようだ。このような旧い引用を出すまでもなく、生物間で生きるための闘いが、日々、繰り広げられていることは、人気テレビ番組（今ならユーチューブなどだろうか）で知ることができる。強力な歯牙と身体能力備えた者は、その直積的な攻撃力で相手を圧倒する。一方、餌食になる者は装甲車のように分厚い皮膚を用意し、高速逃避のための疾駆能力を有す。いずれも生物進化の結果とされる。ならば、そういったものがない植物・昆虫・魚介類などは、外敵からどうやって逃れるのだろう。

それは、この節の冒頭で紹介だけに留めた「化学兵器」を使うのだ。すなわち、物理的にか弱い生物の武器として発達した天然毒である。獣医内科学では、放牧牛が摂食し中毒になるワラビやエゾユズリハ（図3-18）の形態や生態などについても教える。そう、獣医大では植物も勉強をするのだ。このほか、粗飼料やサイレージの飼料作物学でも植物を勉強するし、もし、獣医師の免許を持って野生動物の保護管理の世界で活躍するなら、植林種を含め森林構成樹種を知らないとお話にならない。

植物の毒ならば、たとえば、イチイ（北海道ではオンコ、文学好きならばアララギのほうがお馴染みか）の種（たね）がよく知られる。この種には、肝臓と腎臓に毒性を示すアルカロイドが含まれ、野鳥や家

図 3-18　本学演習林内のエゾユズリハ。葉や果実に様々なアルカロイドを含み、牛が摂取すると、食欲不振や第一胃の運動停止などを起こし、ひどければ死に至る

畜、時に、人が中毒を起こす。この植物は、種のほか葉にもアルカロイドを含むので、北米では競走馬などの餌に故意にイチイの葉を混ぜて殺害することがある。自然毒であり、犯罪として認知されにくいため、保険金目当ての殺害などにも使われる。彼の地では常套的な手段であるという。

イチイは庭木としても珍重され、本学構内にも植えられている。九月中頃、赤い漿果（ベリー）がなるが、果肉の部分には毒がないうえに、トロリとして甘い。この時期、WAMCを拠点に日本野生動物医学会の学生短期コースSSCが開催されるので、参加者にこの漿果を試食させ、こうした話題を提供する（図3－19）。もちろん、有毒な種は、絶対に吐き出させないとならない。

獣医大では、魚病学や食品衛生学という必須科目が用意され、学生は有毒魚介類についても学ぶ。この科目では、当然、主な水産資源を構成するフグ類などの有毒魚種のほか、軟体動物や甲殻類などにも有毒種がいることを知る。そして、彼らの体内で毒を合成するのではなく、毒は餌である微生物に由来し、餌を食べることで動物体内に蓄積する。つまり、毒自体は食べて体内に蓄積された微生物が合成するのである。たとえば、二枚貝における貝毒の原因となる渦鞭毛虫類（原虫）は下痢性・麻痺性貝毒（オカダ酸・サキシトキシン）や、シガテラ毒（シガトキシン）を作る。また、藍藻（細菌）は麻痺性貝毒生成に関与し、珪藻（原虫）は記憶喪失性貝毒（ドウモイ酸）の産生者である。

図3-19　本学内のイチイ（上）と、その漿果（下）

　読者の中には、この珪藻類が地理的・季節的に特徴的な群集を形成することから、死体の肺から得られた液体の珪藻を調べ、溺死が起きた時期・場所を特定したテレビドラマのシーンをご覧になった方もいらっしゃるだろう。いや、そればかりか、白骨死体でも、

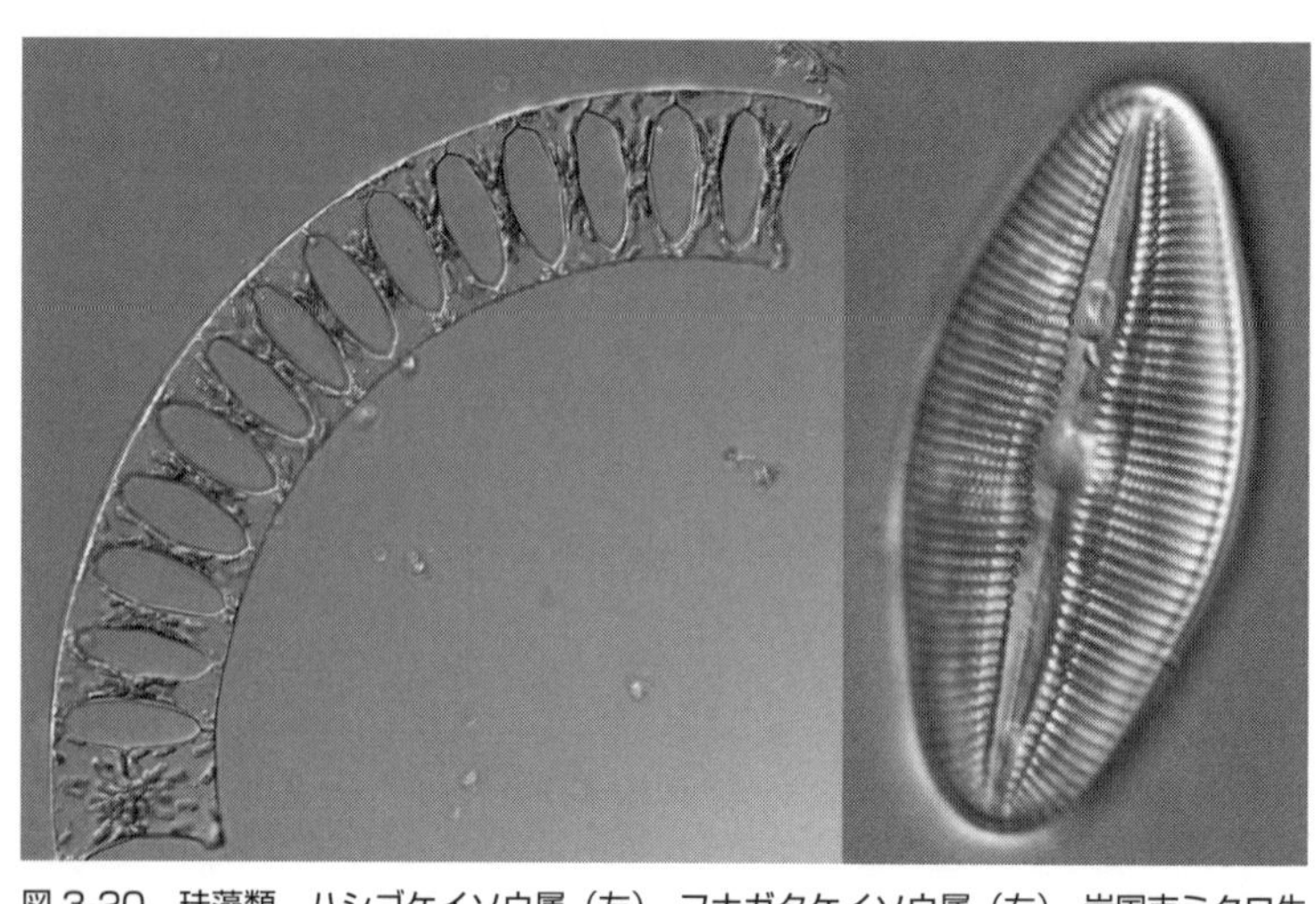

図 3-20　珪藻類。ハシゴケイソウ属（左）、フナガタケイソウ属（右）。岩国市ミクロ生物館より提供

珪藻は血流に乗り骨中（骨髄）に入り込むので、骨から珪藻を得れば、同じような分析ができる。それは、珪藻の被殻が珪酸で作られ、とても丈夫であるからだ。このように、人の法医学の教科書には必ず、非常に有用なので、珪藻は溺死分析の指標として多様で美しい形態の珪藻の姿が掲載されている（図3－20）。法獣医学でも今後、応用されることが期待される。

　ところで、人に害なす代表は、何と言ってもフグ毒（テトロドトキシン）であろう。これもフグ類自ら合成するのではなく、まず、自由生活する、ある海洋細菌が合成し、これを巻貝類などの無脊椎動物が摂取し、これをフグ類が餌として摂り込み、フグ体内で蓄積される。つまり、フグ中毒は自然生態系の食物網を通じて起きた結果の一つとも言える。したがって、フグ類をこの生態系から切り離して養殖することは、中毒発生の低減につながろう。たとえば、本学が所在する江別市（直近海域の石狩湾から直線距離で約二〇キロメートル離れた海なし自治体）の第三セクターが、二〇二一年四月から温泉水を利用しトラフグ養殖を開始したが、それはこの生態学的知見の応用なのである。

少々横道に逸れたが、主題である野生動物の死因としての生物毒、すなわち、前述したトキシンは、藍藻・珪藻・渦鞭毛虫類などが作る生物毒である。これら三つのグループの微生物は、野生動物の大量死の現場ともなる赤潮（淡水ではアオコ）の主体を成す。このような微生物の増加を促進する要因として、地球温暖化が知られる。また、これら生物毒は、海や水辺を棲み処とする野生動物のみならず、人・家畜に摂取された場合でも、中枢神経や肝臓などに障害を与えているので、公衆衛生・動物衛生の問題でもある。そのため、こういった知識は、毎年、獣医師国家試験で必ず試されるほどだ。

生き物の「大樹」で、いったん、整理

前に述べた感染症の話でも、病原体が出てきた。ここでは毒を作る微生物も登場。もう、たくさん！というところではなかろうか。そこで、感染症と中毒の原因生物について、生き物の系統を「大樹」に見立てた図を使って簡単に説明する（図3－21）。

下の図は、細菌の大地に起立する真核生物の多様化した姿を「大樹」に模して描いている。多くの研究者により支持されている姿（仮説）としては、その「大樹」は五本ほどの大きな「枝」が派生し、

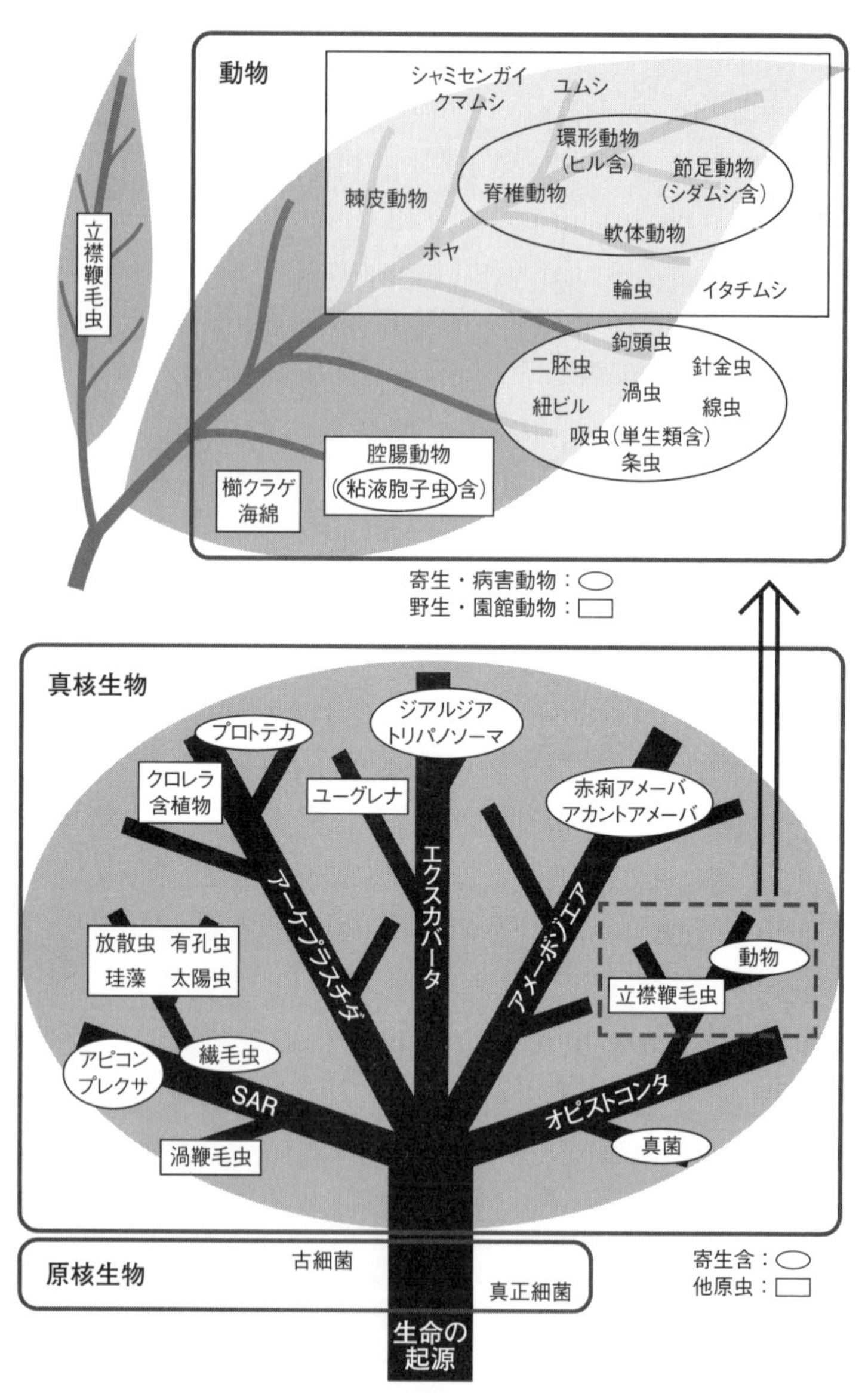

図 3-21　生き物の「大樹」と、本学医動物学ゼミの対象範囲（角の取れた四角の囲み。ただし、現在は上図の葉の部分が主な対象範囲である。浅川（2021a）より改変

これら「枝」はスーパーグループというカテゴリーである。これらのうち、一番左にある「枝」、すなわちSARと名付けられたスーパーグループは、その中で三つの主要なサブのグループ（系統群）で構成され、その名前はそれぞれストラメノパイル、アルベオラータおよびリザリアである。そもそも、これら自体、一般には馴染みがないのだが、要するにSARとはこれらの頭文字を取って付けられたスーパーグループなので、意味不明の屋上屋である。研究が進み、この生命の大樹の姿がしっかりとした形状を示した暁には、これまで述べたような難解な仮的名称ではなく、スーパーグループそれぞれに普通の人々が理解し、親しみの持たれる一般名が配されるであろう。

このSARの「枝」において、渦鞭毛虫は「葉」として示される。珪藻もこのSAR「枝」のどこかの「葉」である。しかし、藍藻は「藻」と付いていながら、「大樹」に居場所はなく、原核生物の「大地」のどこかの光合成細菌の仲間だ。

本書の主役、野生動物（脊椎動物）はどこだろう。「大樹」の右下、オピストコンタという「枝」の立襟鞭毛虫という「葉」と一緒の「小枝」に、動物の「葉」が付く。この「葉」を拡大したのが上の図で、その「葉脈」が各動物の系統関係を示す。「葉」の上方やや左、棘皮動物やホヤと共通の「葉脈」の先に脊椎動物が見えるだろう。そこに入る。なお、他の「葉脈」には水族館展示動物や寄生虫などが散在する。試みに、図3-21において私の医動物学ゼミ対象生物範囲を角の取れた四角で囲んだ。いかに広範で多様なものを扱うラボなのかをご理解（ご同情）いただけるだろうか。

ところで、ウイルスはどこなのかと、「大樹」の根本あたりをご覧になっていないだろうか。申し訳ないが、そこにはいない。なぜなら、現在の生物学では、ウイルスは非生物という扱いなので、この図のどこにも記されてはいないのだ。COVID-19ですっかり身近になった病原体群だが、その起源すら謎である。もちろん、関連する仮説はいくつかあるので、COVID-19を機に数多刊行されるに及んだウイルス学関連書籍を渉猟され、皆さんご自身でご確認いただきたい。

頭の失い方で、頭をひねる

それでは、眼前の〈死・殺〉に戻ろうか。あまた死体と対峙することになり、動物の死に方・殺し方を、日々、思い巡らせるようになったが、次に紹介するこの事例は、相当悩んだし、実は、今も、未消化のままである。それが、頭を失った鳩である。二〇一八年八月から九月にかけ、オホーツク地方の都市（本学から北東約二五〇キロメートル、人口約一二万人）に所在する道庁振興局建屋前とその周辺域で、ドバトの死体が連続して発見され、計四個体となった。死体は同地域を所管する警察署内で冷凍保存された後、当該警察から、わざわざ三度にわたりWAMCに届けていただいた。三往復なので三〇〇〇キロメートル超え！　事件証拠となるので、少なくとも道内の場合、配達業者は使わず、このように直接授受される。ついでに、警察と事例報告など方法について愚痴る。情報管理という側面からメールは使えない。本学設置のダイレクトイン式電話、学群事務室にあるたった一台のFAX、そして対面である。携帯電話は、私自身ほぼ使わないので、警察が連絡用に使ってよいのかど

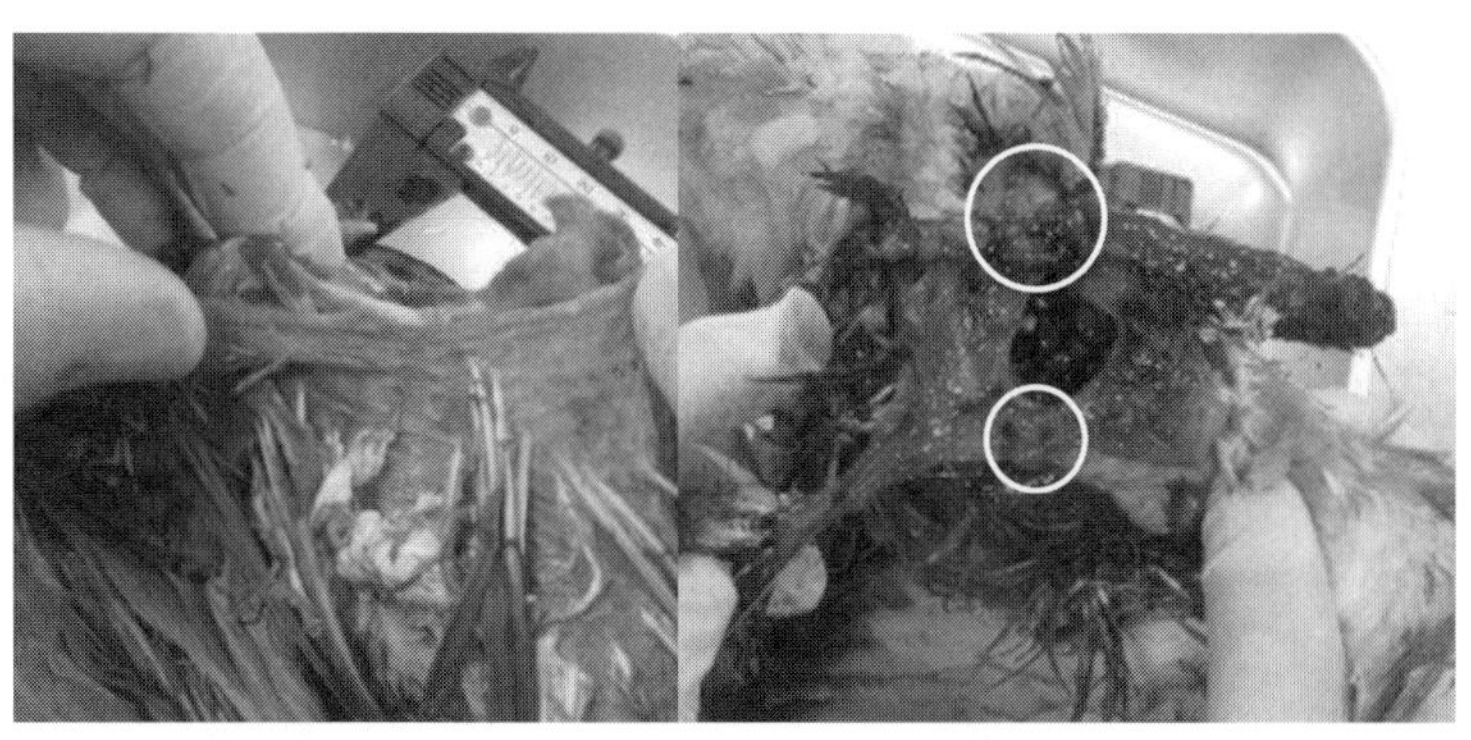

図 3-22　頭部欠損ドバト離断部の皮膚。直線的で血痕がない状態（左）と、粗剛で凝血塊（白丸で囲った部分）が付着した状態（右）

うかは知らない。スマホもないので、私自身がこれでメールをすることはできない。だが、本学に設置された正規のメールシステムは、やり取りに使わせていただきたいものだが……。

その苦労の末に到着した死体だが、すべて、頭がなかった。見つかった場所が自治体官庁街であったことから、珍事として取り上げられ、地元のテレビのみならず、全道で報道されたようだ。前述した某警察官舎に投函されたスズメ入り朝刊で推察されたように、お役所に対し何かと恨みを持つ者の犯行という先入観から、作為的な証拠の有無を検証したかったのだろう。もちろん、剖検する際には、こういった依頼者の思惑は邪魔である。

さて死体だが、頭のなくし方というか、切断面が二パターンあり、最初の三個体は、頭部を欠損した胸部の皮膚切断面が平滑だった（図3－22左）。あたかも、鋭利な刃物で切断されたようであった。しかし、死体損傷程度の差異は著しく、尾羽が離断していたもの（ただし、尾羽は当該死体の場所にあった）、胸腹部を中心にした著しい破損部位を認めたもの（カラスなどによる摂食か）、汚辱が認められなかったもの（強雨水による影響か）、であった。胃内容物を調べると、いずれも食渣が充満しており、死ぬ直前まで食欲があったこと、皮下および内臓脂肪量も中程度以上であり、良好な健康・栄養状態が示唆された。消化管・内臓が残余した個体では、これらに出血や融解など感染症・中毒などの特徴的な所見を示唆するものは認められなかった。中には趾（あしゆび）が欠落していたにもかかわらず、長期間、正常に生活することを可能にしていた。このことは、個体群間に苛烈な競争的な状況下に晒されていたのではなく、たとえば、恒常的に餌が得られ（正常な行動）、外敵からも保護されていたこと（迅速な逃避行動不要）が想像された。

一方、最後に運ばれた一個体は、頭部欠落の皮膚は不整形で、長短の組織片が認められた（図3-22右）。この死体が確認されたコンビニエンス・ストアに防犯カメラが設置されており、その画像を警察が検分したところ、同個体へのカラス類による捕食が確認されていた。また、この体腔に凝血塊（血の塊）が多量に残余していた点も、前三例とは異なっていた。おそらく、生時に大血管が破綻、体腔内に貯留したものと考えられた。この個体も脂肪蓄積や胃内容物充満から栄養状態はよく、良好な生息環境下にあったものと想像された。この事例に関しては、通常の捕食—被食関係の一コマであり、通常は見過ごされるような出来事であったろう。されど、同地域の住民は頭部欠損ドバトの連続的出現が、あたかも悪夢のごとく脳内定着しており、早期通報につながったものと考えられた。そして、早期通報されたことで、過去三例の剖検結果と比較するうえで有益となった。

カラス類による明確な捕殺例である四例目を除いた、残り三個体分の事例の読み取りは本当に悩ましい。まず尾羽が欠損した個体では、当該死体が発見された場所に、その個体の傍に尾羽が置かれていたのは、あたかも、頭頸部伸長時に尾羽が保定され、抜け落ちたとは考えられないか。しかし、出血の状態は著しくはなく、死体の頸を刃物で切断したと考えている。

実は、二つの研究会でこういった話をしたところ、複数の鳥類学者から猫じゃないか、いやいやハヤブサだなど様々な意見をいただいた。本当にありがたい。やはり、こういった内容は、自分たちの中で留めず、共有し、論議をしたいものだ。ただし、多くが守秘義務という厚い壁に阻まれる。それ以前に、こういった症例を科学として受理してくれる学術誌がほぼない。「法獣医学」という分野がないので、当然だろう。それでも、大学研究者は、論文にしてなんぼの世界に生きているので、これにのめり込むのは危険である。このままでは〈塩辛・スルメ〉状死体を解析しても、ただの自慰行為。幸い、地元博物館紀要には受理していたき、活字にしている。ただし通常、本学を含めた獣医大では、こういった刊行物に掲載されても、正式な業績とは見なされない。

珍しい野鳥搬入で雀躍

だが、ごく稀にではあるが、珍しい種の死体が運び込まれると、一気に空気が変わる。スズメ、カラス類、ドバトなどごく普通の種ばかり入ってくる現状では僥倖と見なせる。そういった珍しい種は、死因解析と寄生虫・病原体検査が終われば、体は廃棄せず仮剥製標本として残したい。そして、鳥類学の授業や公開講座などで活用しよう。参加者の驚く顔が目に浮かぶ。また、標本を作製する過程自体、学芸員課程の博物館学内実習の一環となり、教育的にも有効なのだ。いやいや、それ以前に、そういった珍しい鳥がＷＡＭＣに来ると、「ようやく会えたね」的感動がメンバーに沸き起こる。

たとえば、ナキイスカがそうだった。スズメ目アトリ科、要するにヒワの仲間だ。スカンジナビア半島からロシア、それと北米に分布し、カラマツ、モミ、シラカンバ、ナナカマド等の落葉針葉樹林または針広混交林に生息する。北海道でも、時折観察され、その一個体がＷＡＭＣにも搬入されたのだ。

二〇一四年四月、札幌市羊ヶ丘で森林総合研究所研究員に見つけられた。その研究員も鳥類学者であったのだが、本学にご提供いただけることになった。日頃の「営業」の成果である。ただし、死因は知りたいということであった。

「ええ、結構ですよ。ただし、冷凍された組織の病理は難しいので、肉眼所見での結論になりますよ。よろしいですか」

と応え、快諾された。一度冷凍されると、細胞の中の液状成分が凍結し、それがスポンジのように孔だらけになり、支障があるという説を振りかざしたのだ。ただし、冷凍材料でもラフな組織像は得られ、現に、この章の冒頭で紹介したスズメ嗉嚢膿瘍組織像（図３－３中央）は、冷凍されたものから作製された。

もし、凍結した臓器の組織病理標本を作製するのなら、一〇％ホルマリン液内で解凍することが推

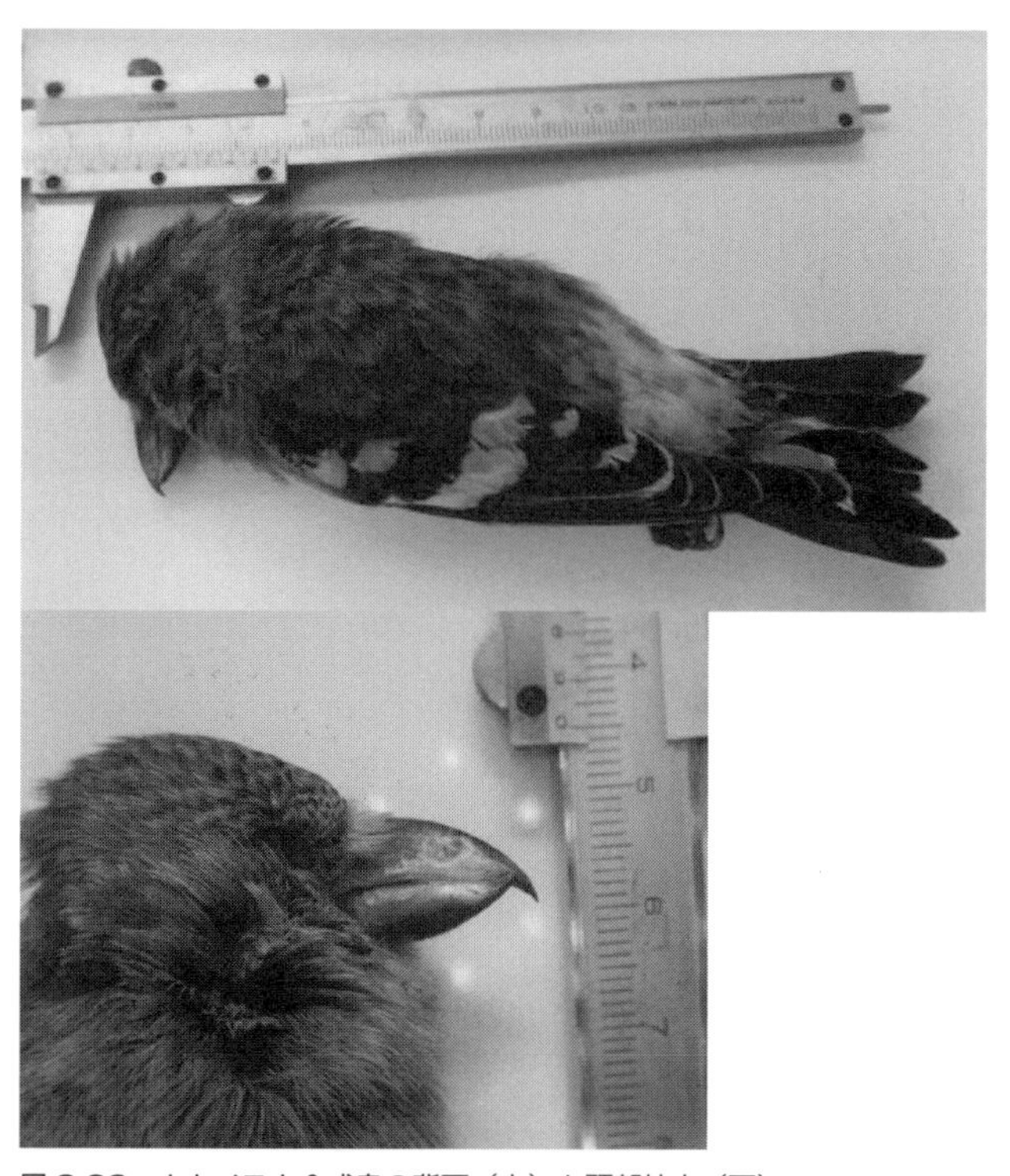
図 3-23　ナキイスカ♀成鳥の背面（上）と頭部拡大（下）

奨されている。溶けた端から固定されるためだからだ。また、大きな臓器の場合、液に漬ける前に凍結状態で小さな組織片にする必要がある。そこで登場するのが、鮮魚市場にある冷凍マグロ切り身（柵）を切り出す電動ノコギリである。そのため、本学の病理学教員は、この器具を「マグロ」と称している。

しかし、今回のナキイスカはそのような処理はせず、WAMC入院室内の解剖台上でゆっくり解凍された（図3－23上）。そして、この死体はその匂いから存在感を示した。餌資源として好むマツ種子の特徴的な臭いが、香しく、我々の心を湧き立たせた。第三者が見れば、狭い部屋で死体を取り囲み、その臭いを嬉しそうにかぎまくって、高揚する若人達の様子は、珍奇このうえなし。いや、本当に珍しいのはこの嘴だ。松かさ（松ぼっくり）を分解しやすいように、交叉している（図3－23下）。特異な食性を見事に反映（適応）している。こういう話は、実物を見せながらしなければならない。いつもより、心なしか丁寧に体部計測をする。誤解をしないでほしいが、普通種であっても手は抜かない。ただ、こういった基盤情報が少ない種もあることは確かなのだ。

さて、この個体だが、外部所見では明瞭な出血および骨折は認められず、換羽も認めなかった。次いで体の内部である。胸の部分の薄い皮膚から剥がし、羽毛が付いたまま、皮を剥がす。皮下脂肪は痕跡的で胸筋の軽度萎縮を認めたものの、全身的に著しく削痩しているとは判断されなかった。臓器では肺に軽度肺炎様病変と、肝臓周縁部および頭蓋骨内に死後変化と目される血液の局所的な貯留を認めたのみであった。胃内に食渣は認められなかったことから、栄養不良による衰弱死の見方もあろうが、結局、決定的な死因は不明として、件の研究者には回答した。

なりは小さくても、雄弁に語る、語らせる

日本最小レベルの野鳥、掌に収まるくらいの大きさのキクイタダキの場合も、鳥標本としてはありがたかった。キクイタダキの名の由来である、菊の花びらを頭頂部に載せた模様も、実に可愛らしい。加えて、この個体の場合、珍しい外部寄生虫（オルニソミア属というシラミバエ類でキクイタダキで

者なので。
は新宿主記録）を得ることができたのが、幸甚であった。そう、もうお忘れだろうが、私は寄生虫学

なので、ここでも自慢げに、寄生虫の画像を供覧し、細々した話を開陳したいところなのだが、本書読者の大半の興味はそこにはないだろう。もし、興味を抱いた方は、『野生動物医学への挑戦』で野鳥の寄生虫について概説し、もちろん、外部寄生虫についても触れたので、ぜひそちらをお読みいただきたい。だが、何としたことでしょう！　シラミバエ類については、欠落していた……（汗）。言い訳するが、寄生虫の世界も多岐にわたるのだ。需要があれば一般書で野生動物の寄生虫を紹介するような機会があるまで、お待ちいただきたい。待てない！　という方は、参考文献にある吉野学芸員と私の共著の英語論文（ただし、写真と図があるので大丈夫）、をご覧いただきたい。

「バエ」とあるように、あの蠅の仲間（双翅目昆虫）なのだが、密な羽毛を掻き分けて暮らすので、体が背腹に押し潰されたような外観を呈す。普段見る蠅のように丸々していては、身動きできないのだろう。小さな体の鳥に、さらに小さなサイズの寄生虫がいるが、それは進化や適応の語り部でもある。さらに……。いやいや、これ以上は本当にダメだ。鳥の死体に話を戻そう。

二〇一六年一一月、釧路市鳥取大通の住宅街で、ガラス窓の下に落ちていたキクイタダキの死体が回収され、前述した吉野学芸員の待つ、釧路市動物園へ搬入された（図3-24上）。換羽はしていなかったが、風切羽や尾羽先端は尖っていて擦り切れておらず、他の羽毛の特徴から幼鳥と判定された。口腔内に少量の血液貯留があり（喉頭であったので喀血）、皮下脂肪は十分に蓄積（図3-24下）、胸筋

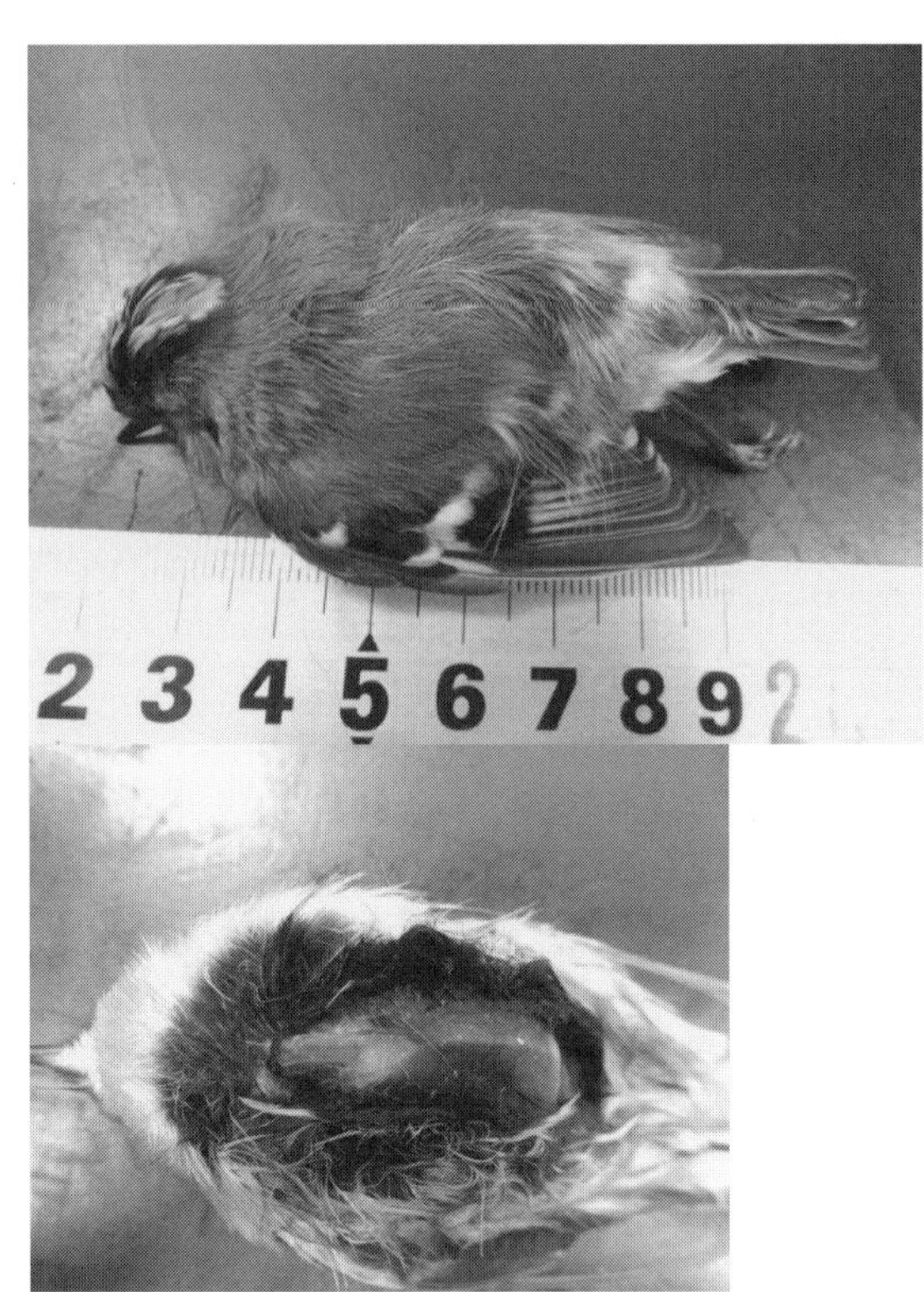

図 3-24　キクイタダキの外貌（上）と頸胸部皮下脂肪（下）

萎縮未確認、肺挫傷、頸静脈鬱血および脳挫傷確認、他臓器正常であった。胃内から餌として摂り込んだと考えられる昆虫破片が得られ、胃粘膜も正常であった。

　喀血、肺挫傷、静脈系鬱血は、外部から強い衝撃を受けた際によく見られる所見である。また、収容場所が建物の窓直下という状況証拠から、窓衝突に起因する脳、肺挫傷および循環障害により死んだと考えられる。道内の野鳥では、春秋の渡り時期の建造物衝突や交通事故等の人為的要因による保護、死が多いことが知られる。キクイタダキは一年中、北海道にいる留鳥だが、冬季には平地や低標高地に移動する。当該個体には皮下脂肪が十分に蓄えられていたので、里に来て越冬をしようと考えた途端、不幸な事故に出会ったようだ。

ところで、このキクイタダキの事例のように、皮下脂肪の蓄積は重要な所見となる。もし、脂肪が十分であるならば、消去法により死因リストから飢餓は除かれるからだ。野鳥の場合、皮下脂肪蓄積には順序があり、まず鎖骨部、次いで竜骨突起、最後に腹部となる。消費順序はこの逆になる(図3-25)。また、海鳥類では、胸腹腔内脂肪量（特に、小腸周囲）を四段階で記録する方法もある。なお、哺乳類では体重・胸囲のほか、解剖によって皮下脂肪、腎臓周囲脂肪組織（ちなみに、屠殺解体後の枝肉に腎臓を付けておくのは、栄養状態を把握できるため）および骨髄内脂肪（貧栄養では赤色ゼリー状となる）の状態が用いられてきた。また、血中の脂肪細胞から分泌されるホルモンのレプチンの濃度測定をしたり、人用の体脂肪計（インピーダンス計）を応用する方法もある。

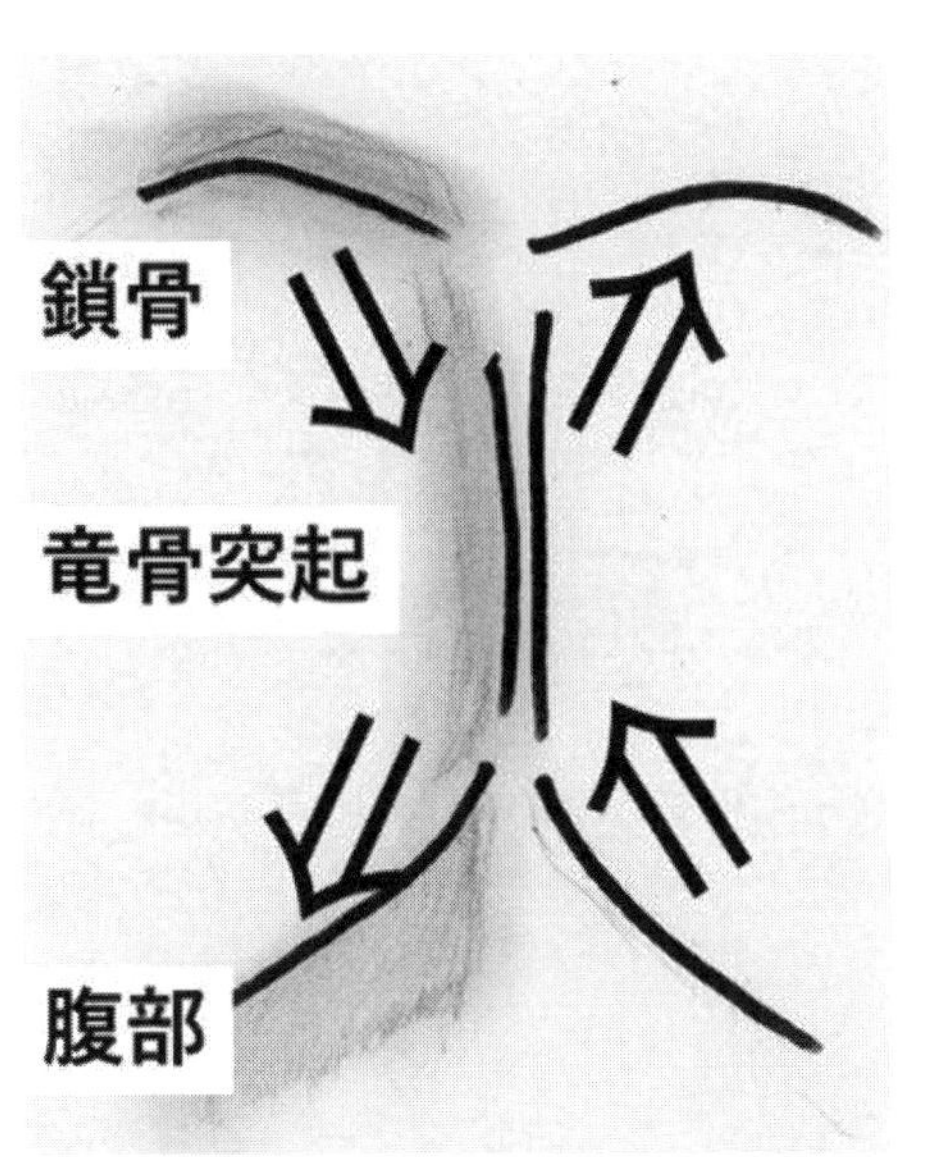

図 3-25　鳥類の胸の部分において、皮下脂肪が蓄積（左）あるいは消費（右）される順序（矢印で示す）。野生動物救護ハンドブック編集委員会（1996）などを参考して描く

まず、野鳥の体を測ろう

一般の野鳥のサイズ感はスズメからカラス類で印象付けられているかもしれな

い。だが、ここに来るまでにも、オオハクチョウのような大モノから、さきほどの最小クラスのキクイタダキに至るまで、様々な大きさの鳥類が、身近な所に普通に生きていて、そして、死んでいたことがおわかりいただけたと思う。全体的な大きさも重要だが、所見をとる場合は、もう少し細かい部分のサイズの記録が必須である。一緒に鳥類測定実習をするつもりで、お付き合いいただく。

もし、手元に物差しとノギスがあるならば、すぐにご用意いただきたい。もし、これからお買いになるなら、プラスチック製を勧める。飛行機に搭乗するとき、客室に持ち込めるからだ。またノギスは電池式ではなく、アナログのものがいい。水没、雨水、血液、尿などに濡れたら使えなくなるかもしれないからだ。アナログでも、〇・五ミリメートルレベルで測定可能なので優れモノだ。一家に一台あるとDIYでも使える。それと、物差しは安価な文房具で十分だが、左の余計な余白がなく、0から始まるものが良い（正確にカットできそうなら、それで）。

これらを駆使し、①全長、②翼を目一杯広げた翼開長（大きな種の場合、背骨から片翼を測り×2）、③同・翼角（手首に相当）から一番長い羽（風切羽）の尖端までの自然翼長、それを上から圧して少し伸ばした最大翼長、④同・翼角から垂直に下した翼幅、⑤尾羽下部にある総排出孔から尾羽の尖端の尾長（ここで、さきほど用意した0から始まる物差しが効果的！）を物差しで測る（図3-26）。

次いで、ノギスを用い⑥嘴（くちばし）の尖端までの露出嘴峰長（しほうちょう）（折れ曲がったものでも嘴先端。ハト類・インコ類・ワシ類では蝋膜を含む場合と含まない場合の二通り測る）、⑦頭骨で始まる部位から尖端の全嘴峰長、⑧鼻孔の前あるいは後（鼻孔がない種もあるから注意）での嘴高、⑨同・嘴幅、⑩全頭長（こちらは嘴の尖端ではなく、純粋に出っ張っている部分から後頭部大孔＝脊髄が出てくる部分までの長さ）を測る。

最後は⑪跗蹠（ふしょ）長、すなわち、人では足の甲に相当する中足骨という名前の部分で、こちらは対角線状にノギスを当てて測る。なお、ここが足の甲なので、鳥類は、常時、つま先立ちになる。鳥で例外的なのはペンギン類で、この部分を接地しているので、外見が何となく人っぽい。

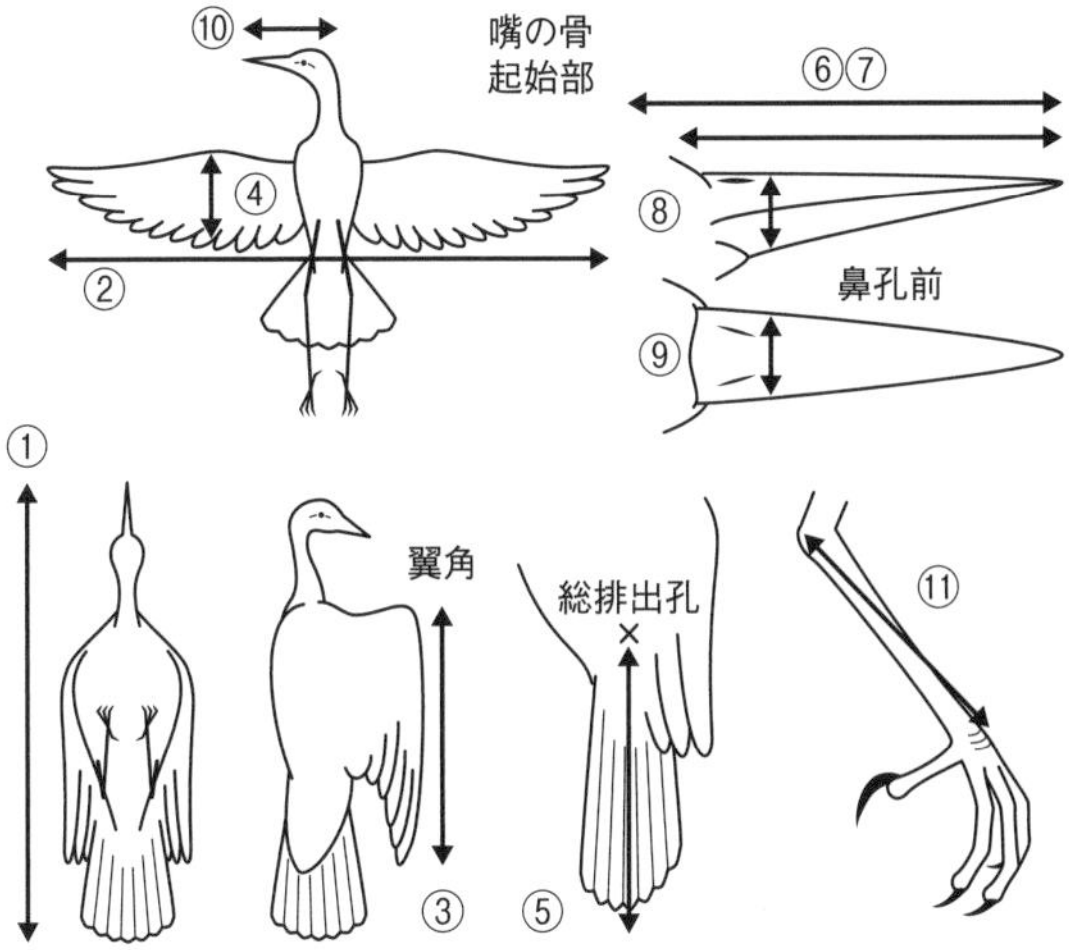

図 3-26　鳥類主要部位の測定法を示す模式図（図中①から⑪は本文参照）。野生動物救護ハンドブック編集委員会（1996）などを参考して描く

この測定作業の目的は数値を得るだけではない。外貌検査も同時に行なえるのだ。たとえば、翼を広げると、胴体から出てきた翼は、翼角で折り曲げることができる。そこに列をなして生える大きな羽を風切羽という。そこで換羽の状態を把握しよう。換羽とは、要するに蛇の脱皮のような現象だ。生理的な換羽の場合、左右の翼で対称に起きるのだが、もし、片方の翼が何かにぶつかって、その部分の風切羽が脱落すると、そこから新たな換羽が始まる。これを事故換羽といい、片方の翼だけに妙に短い羽があったとしたら、過去に

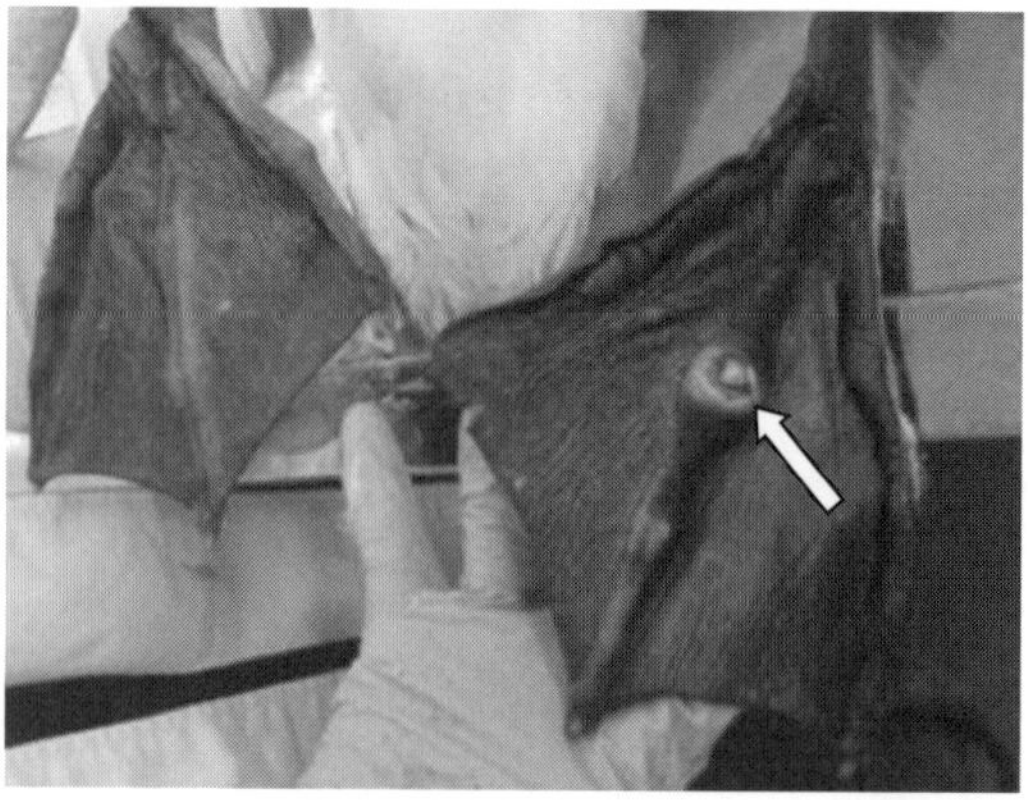

図3-27　オオハクチョウの趾瘤症病変（矢印）。浅川（2012a）より改変

衝突事故に遭ったことも考えられる。なお、風切羽については第4章（海鳥のところ）でも再登場するので、頭の片隅に置いてほしい。

最後に測ったので、脚は何となく付け足し的な印象だ。どうしても鳥類の場合、美しく、多様な羽に目が行くのはわかるが、たとえば、飼育されていた環境を知ることもできる重要な器官だ。跗蹠にノギスを当てる際、四本ある趾が付くあたりの裏を観察しよう。なお、種によって趾が三本の場合もあるし、ダチョウは二本なのはご存知であろう。さて、そこに不自然なコブがあったら、趾瘤症の可能性がある（図3-27）。趾瘤症は自然界では生起しにくいので、いわゆる篭脱け、すなわち、飼育されていた個体が、飼育場から逃亡した可能性がある。

理不尽な仲間外れは否定

古来、野鳥の白化（アルビノ）個体は瑞兆のシンボルと見なされ、古文書などに記録されやすい。

しかし、たとえば、カワウの白化個体では他の正常色の個体から追い払われることが多いという。変わり者をいじめ対象にするのは、人の社会に限ったことではないのだ。そうなると、餌が十分に得られないため、排除を受けた個体の健康状態は概して不良との見方がある。しかし、このことが、白化個体全般に適用されるのかどうかは、剖検を含めた客観的な所見の積み重ねが必要である。法獣医学では思い込み、先入観は禁物なのだ。

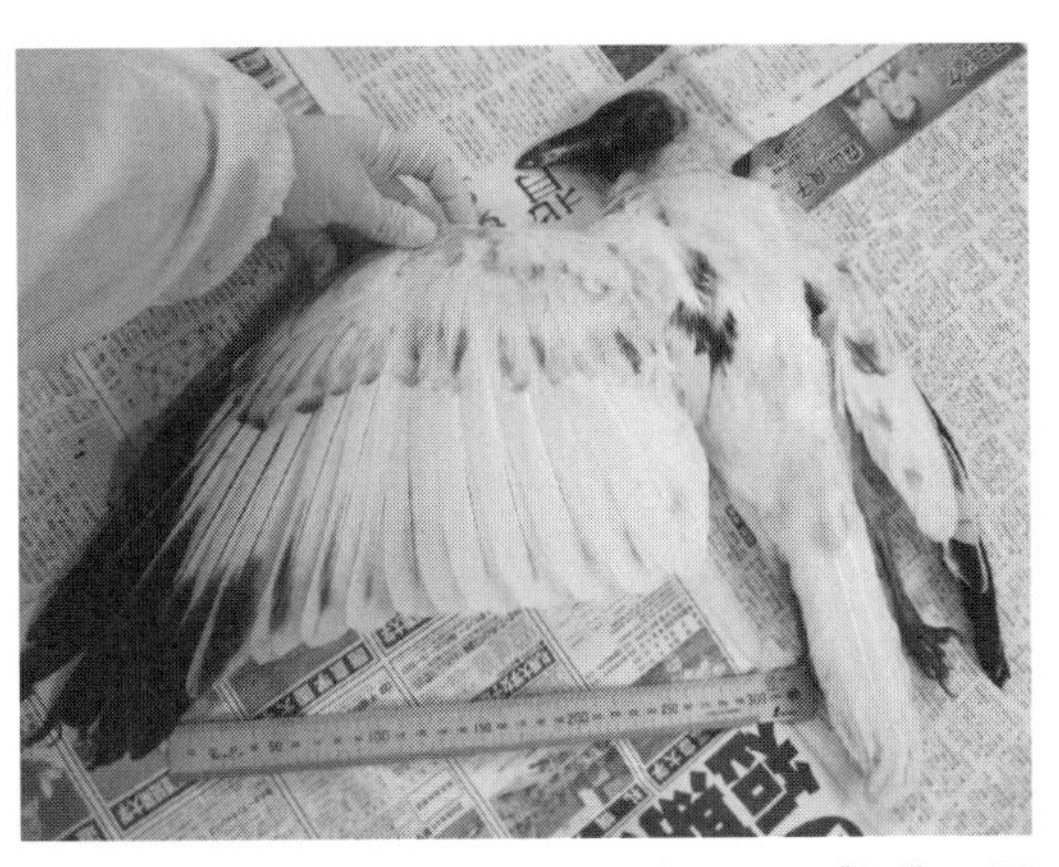

図 3-28 帯広市内で発見されたアルビノのハシブトガラス死体。吉野ら（2009）より改変

不謹慎なもの言いだが、この説を確かめる好機が舞い込んだ。二〇〇七年八月、帯広市のスケートリンク駐車場内でハシブトガラス白化個体の死体が発見された（図3－28）。雄幼鳥で、左眼周辺、左方耳孔周辺、口腔内および同周囲、胸部の羽毛に血液付着し、右翼手根部に損傷、翼および尾羽を構成する羽毛はすべて換羽が終了したばかりのものであった。皮下脂肪量は中程度、頭蓋骨基部、左肩甲骨、第七胸椎、仙骨、両側腸骨に骨折が認められた。また、肺全域の出血および気管内血液貯留が認められた。以上の所見から、左側を中心に強い物理的衝撃が加わったことが直接的死因であることが示唆された。

さて栄養状態だが、この個体は、前述のように適度な脂肪量が確認されたことから、飢餓状態を示すような所見は得られなかった。つまり、「いじめ説」の骨子である慢性的な栄養不足による飢餓状態・衰弱を、死に至る間接的な死因、あるいは誘因的な因子とすることは難しいだろう。少なくとも、摂餌は普通であったと想像された。

しかし、これだけをもって、正常個体による恒常的な追い払いがなかったと結論づけることはできない。もし、この個体が行動学的な観察の対象であったのなら、その記録と突き合わせて慎重に検討すべきであろう。黒色を呈すカラス属の種では、その個体群内に白化個体が混在すると、非常に目立つため、同一個体を長年追跡観察するのは難しくないようだ。もちろんそれでも、野外調査、過酷は過酷。そのため、白化個体の行動学的な観察が、案外にも多数あるようだ。ただし、他の鳥に比べたら容易ということなので、念のため。今回は、栄養状態に問題はなかったが、たまたまかもしれない。今後は、あまたある野外観察対象個体については、その最期はきちんと剖検し、「いじめ説」の適否を検討してほしい。

色彩を正しく記録する

さきほどの事例のように、色彩に何らかの異常があると考えられた場合、所見に残すヒントを示したい。たとえば、成熟度の違いなのか眼色が変わっている、内臓の色がどうも変だなど、客観的記録に留めるのに、千言をもってしても、色の状態を書き残すには限界がある。写真画像も撮影器機・条件などで微妙に変化があろう。そこで、高校美術で使ったようなカラーチャート（図3－29）で近い色のページと一緒に撮影することが推奨されている。

森と隣接する建物は配慮が必要

さて、帯広のアルビノカラスに戻るが、この個体の短い生涯に終止符を打った原因は何であったのだろう。物理的な衝撃を示す所見と現場が駐車場であったことから、周辺の建物への衝突が考えられる。駐車場では車両は減速しており、少なくとも、いわゆる交通事故は起きにくいと思うが……。それに、このような建物への衝突事故は木立に囲まれた場所ではけっこう普通で、本学内外でも経験される。

要するに、ガラス窓にぶつかるのである。本学キャンパスが野幌森林公園に隣接していることは第1章で紹介した。建

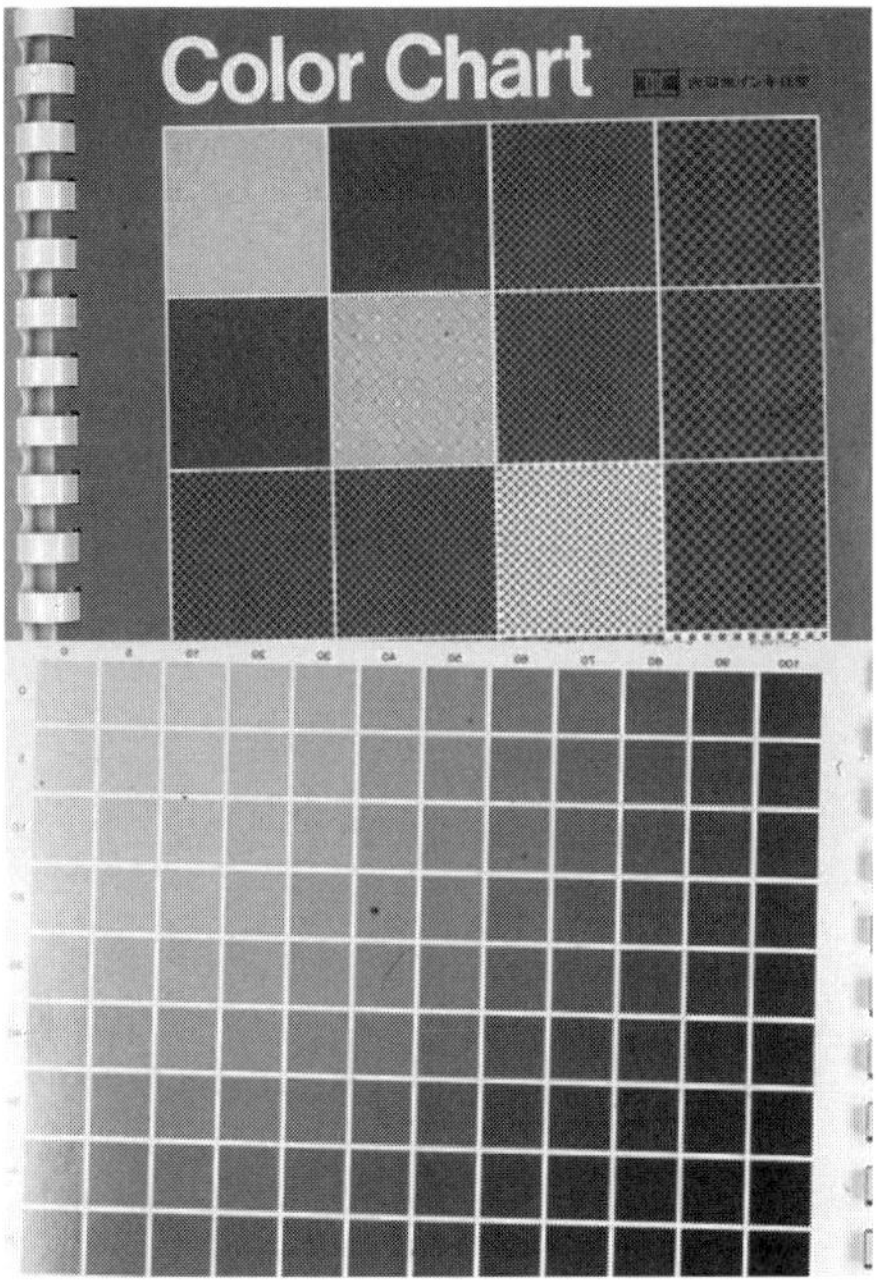

図3-29　カラーチャートの一例

図 3-30　本学校舎に木々が窓ガラスに映る様子

図 3-31　窓ガラスに鳥類がぶつかる様子

物のガラス張り窓に木々が映るので（図3－30）、有視界飛行する鳥類が「まだ森がある」と勘違いして衝突するらしい（図3－31）。

面白いのは、いや、面白いは不謹慎だ、残念なことに、ある建物ではアオバトばかり、別の所ではツツドリが立て続けにというように、微視的環境で、犠牲者が異なるようだ。何度もぶつかるので、心を痛めたのだろう、学生さんの有志と思われるが、自作のラプターステッカー、すなわち、猛禽類の絵を貼ったほどだ。これを見た野鳥は、怯えてこの絵（窓）を避け、ぶつかるのを防ぐ仕掛けだ。この真の効果は論議中とされるが、その結論が出る前に、景観を損ねるという理由で、大学当局により撤去された。日本野鳥の会のサンクチュアリの建物で採用されるように、窓ガラスを斜めにして、地面が映るようにすれば鳥類の衝突を避けられるとも言われるが、そのような予算の支弁は好まれない。とりわけ、大学冬時代を迎え、運営経費激減の現状では……。

網戸にもぶつかる

いずれにせよ、窓ガラスの下に野鳥の死体が見つけられると、私のところに電話が入り、ＷＡＭＣのゼミ生が回収に向かう。学生さんがスマホを持ってしまったがゆえ、こちらから連絡しやすいのは、私にとって僥倖（学生には不幸？）。それに、貴重なサンプル・教材が得られるのだ。猫に持って行かれる前に、急げと厳命する。

図 3-32　網戸に衝突、嘴が刺さったまま絶命したシロハラ。吉野ら（2012）より改変

ところで、ツルツルの鏡のような窓ガラスに木々が鮮明に映り、前述の「森が続くよ、どこまでも説」で野鳥がぶつかるのは理解できた。だが、ガラス窓の外に付けた網戸にシロハラという野鳥がぶつかって斃死した事例は、どう考えたらよいのだろう（図3－32）。この話は第4章の風力発電の節でもう一度触れるが、鳥類の元々の特質に関係があるのではないか。鳥類は障害物のない空間を飛翔するので、生物進化学的にその存在を予測でき得ないという仮説がある。もし、これが正しいとしたら、網戸のように木立が映らないモノにぶつかっても不思議ではない。もちろん、ステッカーや斜めの窓の効果も再検討しないとならないが……。

死体を目の前に鳥談義

いろいろ問題はあるが、本学は環境に優しい教育研究を目指し、持続可能な開発目標（ＳＤＧｓ）も学是としているほどだ。当然、本学学生の多くが、自然大好き！　である。中には、コアな鳥好きがいて、

「学校でオオルリが見れるなんて信じられないっす！」

と、ご自身の識別能力や鳥見の経験を私にひけらかして来る。もちろん、野鳥の知識をお持ちの方は、当然だが、こちらを感心させるツボを心得ている（当然、私は嬉しくなる）。

その学生が話しかけてくれたのは晩春。繁茂しつつある青葉が邪魔になり目視が難しく、まず、囀りを頼りにあたりを付けたのだろう。そして、双眼鏡で目視確認。

「この子の年だった頃、私は一ミリも鳥のコト知らなかったなあ」

という心中独白はおくびにも出さず、今度はこちらの番だ。軽くマウントをとる。

「だから心配なのさ。建物にぶつかりやすく、こういう犠牲者が出ちゃうんだよねー。」

と言って、何気なくオオルリの仮剥製を見せて驚かせる。オオルリに見とれる彼に、ゆっくり指導。

「見れる」ではなく「見られる」、「学校」ではなく「大学」。ラ抜きはともかく、せっかく入学した本学を、勉強する場の学校と見なすのは深刻だ。

「大学は、研究を通じて勉強をする方法を学ぶ場。覚えておいてね。ならば、この剥製と僕の研究がどう関係するのかって顔しているよね。それは……」

と、本書「はじめに」あたりの経緯を軽く話す。

本学学生は本州以南（北海道シニアは「内地」という）から来た者が多いので、関東地方の亜高山地帯あたりに生息するゴジュウカラのような鳥種が、本学がある平地（正確には標高六〇メートルほどの丘陵地）でも生息することに喜ぶ。それに、北海道のゴジュウカラは胸からお腹の羽毛が白色で、

「内地」の一面茶色ではない。実際、北海道のものはシロハラゴジュウカラとして亜種で異なる。しかし、お尻のみが茶色で、そこが目立つのか、北海道シニアは「けつぐされ」という気の毒な愛称をつけている。かわいさ余って憎さ百倍か。

北海道で白いと言えばシマエナガ。内地の顔あたりにある賑やかなラインがない。でも、近頃のいささか「過熱した」もてはやし方は、どうでしょうね。観察眼の鋭い学生の中には、キャンパス内で見るスズメの頭が何だか赤いという。おそらく、それはスズメではなく、ニュウナイスズメであろう。

鳥好き子供からの口頭試問

その学生さん、そのまま鳥好きの素敵な獣医師になってもらいたいものだ。それは、人生を豊かにすることでもあるが、獣医業を行なううえで、鳥好き飼主さんの信頼を得るためにも必要だ。

「この死体は、カッコウですか？　それとも、ツツドリ？」

本学傍の小学校から野鳥死体を持って、担任教員を伴い、四年生男子児童がこう質問した。この児童は相当な鳥好きで、おそらく、こちらの力量を試しに来た。いや、そうじゃないかもしれない。いずれにせよ、その候補に挙がった鳥種の知識が皆無で、頓珍漢な受け答えをしたら、即座に信頼失墜は間違いない。世間は「獣医さんは動物に関して何でも知っている」と信じているようだ。断じて否。授業で学ぶ鳥類は鶏のみ。特に、ウイルスの運び屋でもなんでもない、ただの野鳥が、限られた正規授業で扱われる理由はない。

もちろん、獣医大教育では爬虫類も、埒外。獣医学教育で義務化された、一回九〇分で一五回行なう「野生動物学」の授業では、理論中心で個別種はほぼ扱わない。私ができるのは、せいぜい「動物のことは何でも知ってる獣医さん」的幻想を事実に近づけるため、代表種は自己学習するよう注意喚起するだけだ。もし、建物に野鳥がぶつかる場面をなくすことが実現すれば、さきほどの子のように、子供の手に死体が渡らず、口頭試問のようなことをされる機会はなくなり、信頼を失われる危険性は減ずる。が、建物はなくならない。絶対に無理。

路上死体は交通事故死？

森の隣にある全面ガラス張りの建物直下に死体があったら、衝突死。ならば、道路上であったら交通事故死だろうか。野生動物を対象にする法獣医学で、先入観に囚われるのは危険である。

二〇一一年二月、岩見沢市栗沢町にて、地元の方により、飛べない状態のトビが収容された。現場は農村地帯の歩道上であった。当該個体は近隣動物病院で加療後、その翌日、その病院では継続的な飼育が不可能と判断され、ＷＡＭＣへの移送を決定した。こういったことはよくある。しかし、ゼミ生は嬉々として、こういった動物の世話をする。私は餌代の工面に頭が痛いのだが……。とりあえず、保温・静穏状態にして入院となった。場所は、いつもは剖検とサンプリングをするスペースだが、こ

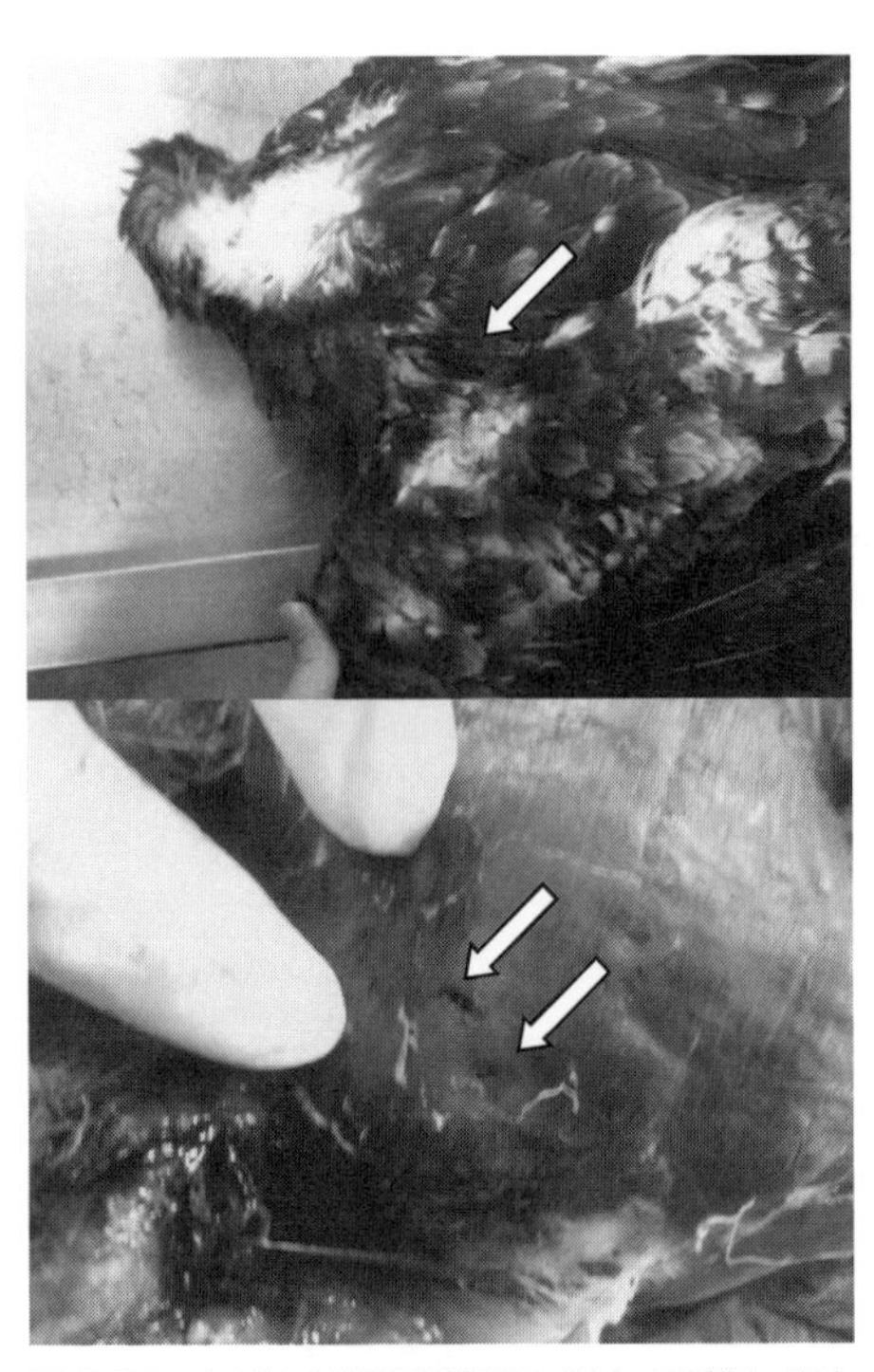

図 3-33　トビの左肘関節部背面（上）の裂傷・出血（矢印）と、左胸部皮下から筋内の出血と同胸筋部に認められた刺創（下：矢印）

うった個体を一時収容する場にも転用される。だが、搬入してわずか約二時間後に死んだ。悲嘆にくれている暇はない。早速、死体は同じ場所で剖検することになった。

　特徴的な外部所見としては、嘴（蝋膜）基部、頭頸背部、左肘関節部背面における裂傷と出血を認め（図3－33上）、特に、同関節部では上腕骨が一部露出していた。また、右手根部にも小裂傷を認めた。しかし、翼部・脚部とも骨折は認めなかった。剝皮（はくひ）による所見としては、皮下脂肪の十分な蓄積、左胸部の皮下から筋内に出血、同胸筋部に小さな刺創などが認められた（図3－33下）。しかし、胸筋の萎縮は認めなかった。解剖所見としては、嗉嚢は採餌物で膨満し、内臓脂肪は十分に蓄積されていた。

　当該個体は皮下脂肪と内臓脂肪を十分に蓄えており、胸筋の萎縮もなかったことから、栄養状態は良好で、飢餓状態は否定された。また、嗉嚢内に採餌物が残っていたことから、死の直前まで食欲があったことが示唆された。さらに、左浅胸筋・左肘関節部の損傷および肺出血から、体部左側を中心に強打されたことが示唆された。しかし、これとは無関係な右手根部の裂傷と胸筋の刺創は、これら強打要因とは別のものによるであろう。

以上から想像するに、まず、左胸部中心が車両衝突、負傷し、一時的に弱った状態のところをカラス等に襲われたことが考えられた。すなわち、前述した刺創は、カラス類趾の爪痕と見なしたことを根拠にした。通常ならば、この事例は、道路上で救護されたので、死因・交通事故と記録されたところであろう。このように野生動物の剖検では、時として、先入観・固定概念に囚われる「蓋然性の罠」にかかる危険性があるので注意したい。

市のシンボルが庭先で散乱

これまで、比較的、難航せずに死因を解明してきたように思えるだろうが、本章の最後で、「これは完全な謎」という事例を紹介する。二〇一五年一〇月の真昼間、室蘭市の民家庭先から屋外階段などにかけ、計二五羽ものヒガラの死体が散在していた事例だ（図3-34）。ヒガラの仲間にシジュウカラやヤマガラがいるが、針葉樹林の中で、高音の気ぜわしく囀る種がヒガラである。

さて、すぐに市役所に通報され、うち二個体が道庁からＷＡＭＣに搬入された。一個体は、右大腿遠位部の鬱血を認めた。ウモウダニ類の多数寄生以外に体表に顕著な外傷などの異常所見は認められ

図 3-34　ヒガラ死体が散在していた民家周辺概観（上）と、搬入個体の一つ（下）。竹内ら（2016）より改変

なかった。胸部皮膚切開により、鎖骨部に脂肪蓄積が確認された（図3-35上）。左胸筋がやや陥没していたが、色調などで著変は認められなかった。肺周辺部が白変していたが、全体的に腐敗していた。その他の臓器も強度な腐敗傾向を呈した（図3-35下）。消化管も腐敗し、脆弱であった。別個体は尾羽および上尾筒の羽毛が欠損していた。この個体も総排泄腔周辺部の腫大が認められた以外、体表に顕著な外傷などの異常所見は認められなかった。また、この個体でも主にハジラミ類の外部寄生虫が多数得られた。開腹後、皮下脂肪の蓄積、諸臓器や消化管の著しい腐敗傾向は前個体と同様であった。また、食道から前胃にかけての内腔に多数のハジラミ類、皮下にヒカダニ類も見出された。

両個体の栄養状態は普通からやや良好な状態を呈していたので、餓死あるいは餌不足などは否定された。また、外傷は認められなかったので、建造物との衝突や外部からの攻撃なども否定できた。さらに、出血傾向を伴うような急性感染症、あるいは中毒、膿瘍形成をする日和見感染症などをうかがわせる所見も得られなかった。食道から胃の内腔には羽縊いにより摂取されたと考えられる外部寄生虫も見出され、死の直前まで元気であったとは想像された。もちろん、羽繕いで摂り込まれるほど、外部寄生虫が認められたが、それがこのような形態の大量死を起こす原因とはあり得ない。だが、わかったのはここまで。

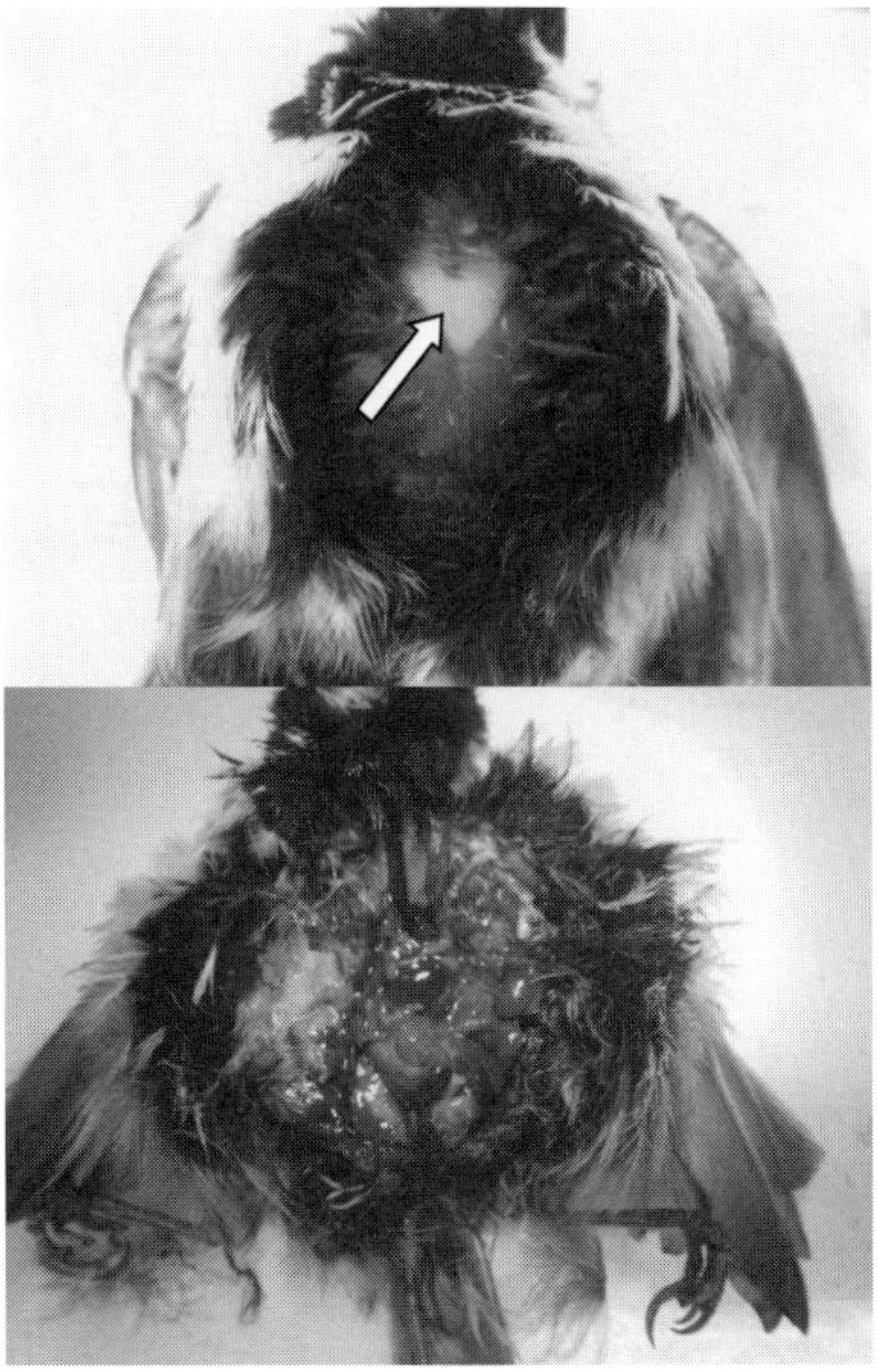

図 3-35　胸部皮下の脂肪蓄積（上：矢印）と、腐敗した臓器概観（下）

今回の死体ではこれ以上のストーリーを引き出すことは不可能であった。一つだけ言えることは、今回のサンプルを保存していれば、きっと将来の同様事例の解析で参考になろう、ということだ。ヒガラは室蘭市の鳥として指定されるほど、この地域では個体数が顕著である。よって、今後もこのような大量死が生ずる可能性もある。発展途上にある野生動物の法獣医学では、現状ではわからないことばかり。「しかし、未来は、きっと解き明かされる」と信じ、標本を保存する。したがって、野生動物の法獣医学を展開するＷＡＭＣのような施設には収蔵庫、あるいは教育を兼ねた博物館が不可欠となるのだ。

ところで、住宅地のど真ん中の目立った場所に、まとまった数の、それも新鮮ではなくて、ある程度腐敗した死体が、いきなり出現したのは、どう見ても奇異である。ここからは完全に想像、フィクションなのだが、たとえば、どこかで常温で保存されていた死体が（当然腐敗が進む）、まとめて当該民家に投げ込まれた可能性はなかったのであろうか。要するに、ご近所間トラブルが高じた嫌がらせである。ただたとえ、これが事実であったとしても、どのように〈死・殺〉したのかは不明なままなのだが……（本当に、一体、あれは何だったのだろう？）。

実は、このヒガラの例のように、身近な場所で起きたにもかかわらず、野生動物の大量死の多くが、その原因が明確ではない。しかし、次の章で扱う事例は、少なくとも、社会維持のための人間活動により直接・間接的に生じた原因で死んだ可能性が高く、すなわち、原因がわかりやすいという点で異なる。

第4章　人間活動が不運な死をもたらす

夜間照明は死の罠

社会維持には娯楽が必須。それは理解できるが、夜の無聊を慰める人々を集客する遊興施設のネオンサインは、時に野鳥も幻惑する。

二〇一〇年九月早朝、岩見沢市郊外の大規模遊興施設駐車場に野鳥死体約三〇羽が散乱していた（図4－1）。当店から岩見沢警察署へ通報されたが、警察署では「これは違う、ウチではない」と判断されたようで、同市環境保全係に転送された。市職員が現地調査し、一三個体を検査用に確保したが、困ってしまった。どこに相談しよう。ひとまず、道庁に一報を入れ、道庁では回収され

図4-1　WAMCに搬入されたアカエリヒレアシシギ検体。吉野・浅川（投稿中）より改変）

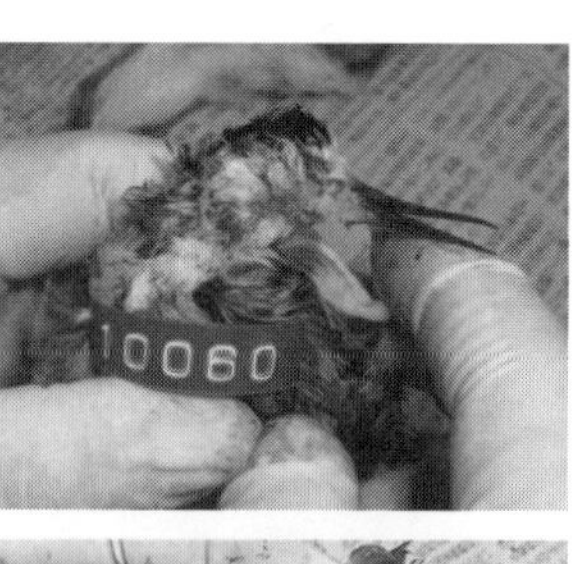

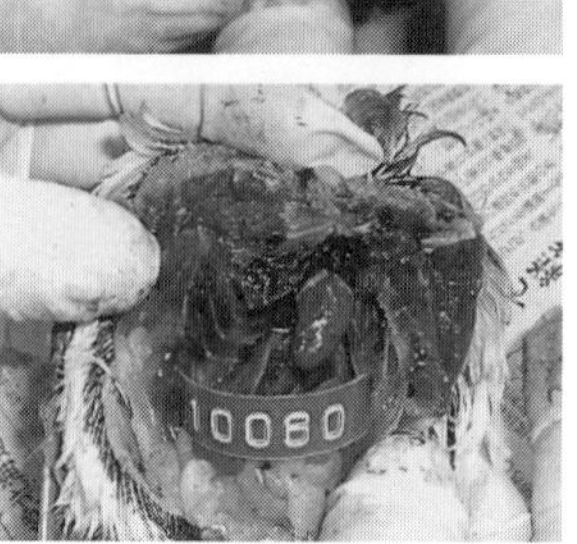

図4-2　頭部から頸部皮膚裂傷（上）と、胸腹腔内の凝血塊（下；吉野・浅川，投稿中より改変）

た鳥がチドリ類という水鳥と聞き、水鳥の死体担当機関であるWAMCに死因依頼がなされた。

まず、種はアカエリヒレアシシギ。チドリ目ヒレアシシギ科に分類され（最新の分類ではシギ科とする説もある）、北極圏で繁殖し、赤道付近で越冬して、北海道では旅鳥となる。その際、休息する場所は海上、河口、海岸湖沼であるが、かなり内陸の水域でも観察される場合もあるという。

今回、WAMCに運ばれた一三個体はすべて幼鳥（性別の内訳は雄七、雌六）であった。うち外貌に異常が認められたのは七個体で、頸部から胸部の皮膚裂傷、嘴（くちばし）破損あるいはその根元に血液が付着していた（図4－2上）。残り六個体では肉眼的には異常は見出されなかったが、これらを含め全個体で胸腹腔内に多量の血の塊（凝血塊）が確認された（図4－2下）。さらに、ほとんどの個体で頭骨損傷と左翼上腕骨折が認められた。

アカエリヒレアシシギは成熟度合によって渡り時季が違い、幼鳥はおおむね八月から九月に繁殖地を離れる。今回供された死体がすべて幼鳥であったのは、そのような理由からだろう。すべての検体で凝血塊が確認されたことから、臓器破損による内出血が生ずる衝撃があったことが示唆された。本種は渡りの途中で光源に惑わされ、夜間の試合中の野球場に飛来、フェンスに衝突した事例はよく知

図4-3　夜間照明に誘われる鳥類の様子

られるという。今回も夜間の遊技場照明に誘引され、周辺建造物に衝突した可能性が高い（図4-3）。人々が夜の生活を楽しむ裏で、今も、多くの野鳥が不自然な明かりに幻惑され、死んでいるということだ。

人工的な色素が付着した……

最近は、北海道も夏は暑い。ということは、死体が腐りやすいので死因解析がより難しくなる。だが、この事案はそれほど厄介ではなかったので助かった。

二〇〇七年八月、釧路港内で五〇羽以上のオレンジ色に着色された海鳥類の死体が発見された。港湾内の海鳥類に汚れが付着する場合、重油によって黒くなることがあるが、今回のような鮮やかな色は初めてだ。道庁からＷＡＭＣに四個体（ウミネコおよびハシボソミズナギドリのいずれも幼鳥と、オオセグロカモメ幼鳥・成鳥各一）の死体が届いた。早速剖検するが、いずれの個体も、季節柄、高温で腐敗傾向が顕著。

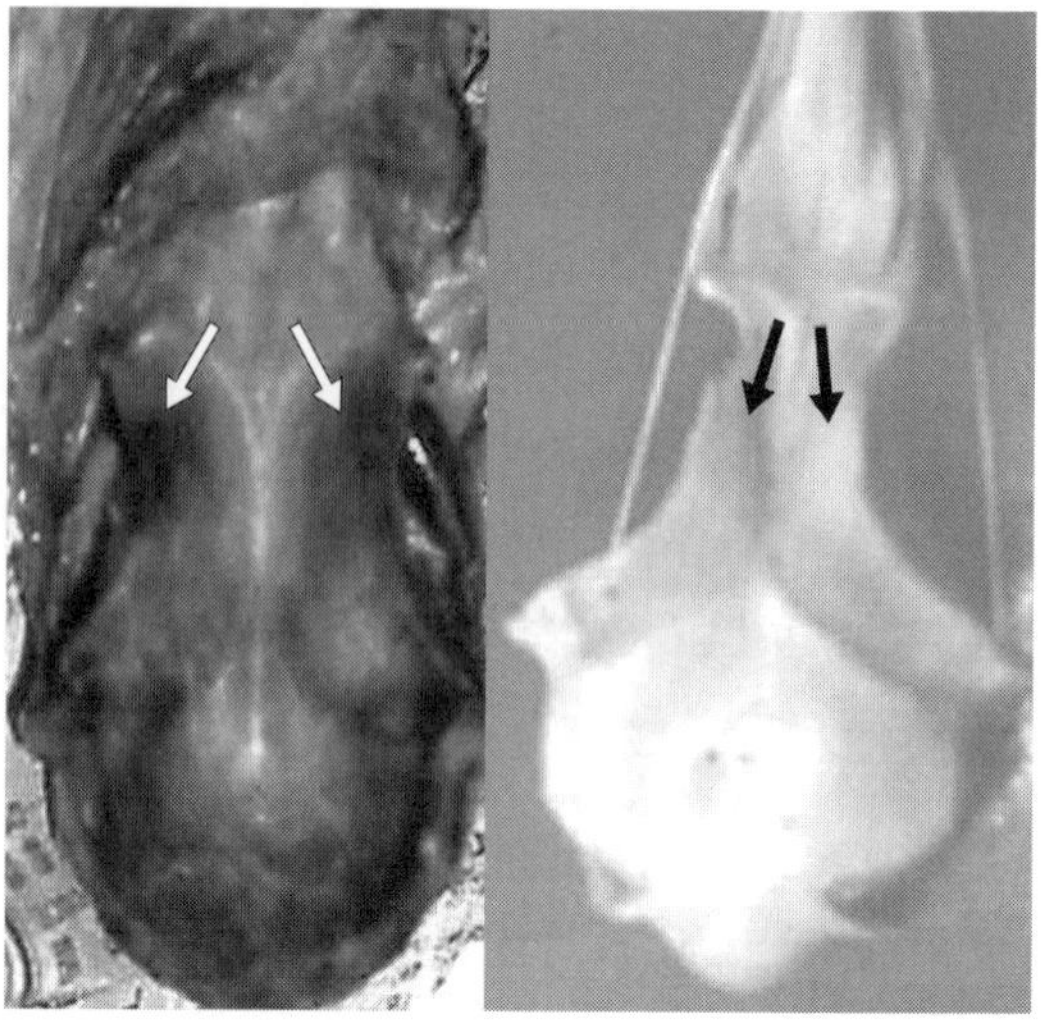

図 4-4　塩類腺（左：矢印で示した眼窩周囲の黒い部分。実際には赤黒い）と、それが入る頭骨の窪み（右、矢印）。左はオオセグロカモメ、右はウミガラス。いずれも図上方が嘴

まあ、これは織り込み済み。加えて、他の鳥類の餌になっていたのも仕方がない。何しろ死体は貴重な餌資源だ。

そのような悪条件が重なる傾向が強い海鳥類だが、まず、注目する組織がある。それが塩類腺だ（図4－4）。腐敗や食害が及びにくい頭骨眼窩（がんか）周囲にあり、今回の死体でも明瞭に観察できた。この塩類腺は腎機能を補助するため発達した組織で、海鳥や猛禽類、それにウミガメ類での塩類排出を担う。

たとえば、後述する油汚染や塩類中毒では塩類腺が膨化変性し、機能不全に陥り、健康被害に直結する。塩類中毒に関しては第3章で解説した融雪剤のほか、医原病のような場合もある。医原病のような場合とは、たとえば、海域を生活の中心とする海鳥類が傷病個体として動物病院に搬入され、入院することになったと想像しよう。その動物病院は内陸で、海水が使えないため、水道水で休息場を提供した。そうなると、その個体は急激に塩類腺を退縮してしまう。塩類腺は塩分の刺激を受け続けないと維持できないのだ。したがって、

退縮してしまった状態で放鳥すると、塩類濃度が高い海水に耐えられず、急性塩類中毒になってしまうのである。だから放鳥する前には、塩水で慣らしておくのが海鳥類の野生復帰のセオリーである。

さて、所見に戻るが、塩類腺は正常であったので、オレンジ色の物質は、塩類腺に悪影響を与えなかったか、摂り込まれる前に死んだ、と考えられた。羽毛に異物が付着した場合、通常であれば嘴を用い羽繕いして除去しようとするが、その際、結果的に異物を経口的に摂取してしまう。しかし、口腔から胃の粘膜に色素は認められなかったことから、オレンジ色の物質は体内に摂取されず、摂り込まれる前に死んだ、としたのだ。付着から死への過程は、羽繕いをも許さぬ暇で進行したのだろう。では、その機序は何であったのか。

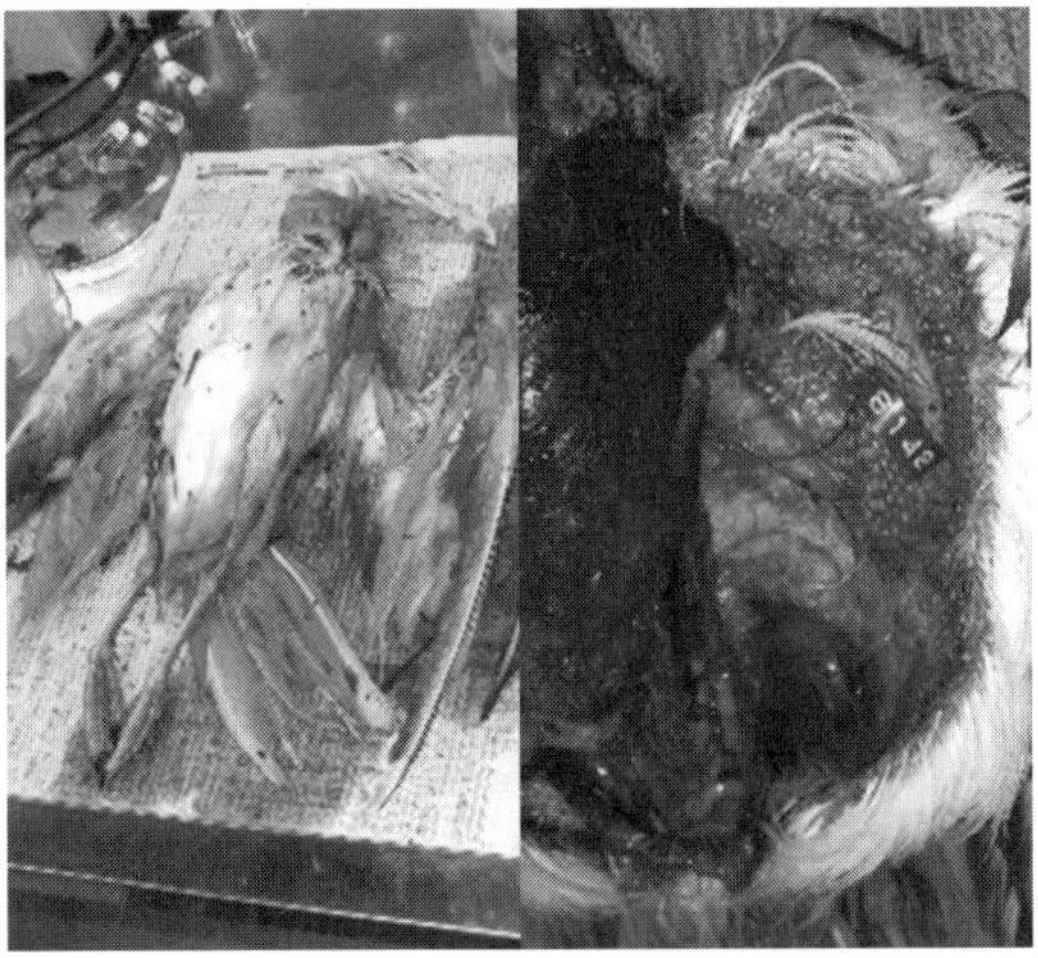

事例のあった夏では思いもつかないが、体表付着物は鳥類の羽が持つ保温応力を低下させ、海水面では浮力を得にくくして海水漬けにして、体温を海水に取られた海鳥は、低体温症で死に至ることがある。実際、この色素は脂溶性のためか羽毛のみならず皮下から腹腔内脂肪組織に認められ（図4-5）、「滲

図4-5　（白黒ではわかりにくいが）オレンジ色の汚れに塗れたオオセグロカモメ腹部（左）と剥皮された状態（右）

み込み」力の高さを誇示した。つまりこの色素は、まず、羽毛の空気の層を潰し、急速な体温低下をもたらすと同時に、海面に浮くこともできなくさせて、海鳥たちは溺れた。すなわち、本事例の死因は「低体温症および、あるいは沈溺」と結論づけられた。

同じ色調で一様に体に広く染みていた点は明らかに人工的で、たとえば第2章で取り上げた赤潮を構成するような微生物に由来する自然の色合いとするのは無理があった。そうなると、環境汚染事故となるが、もし、立件するとなれば、色素の特定が必須である。猛禽類医学研究所々長である斎藤慶輔獣医師の著作によると、道庁が行なった本事例の検査では食品製造に関わるカルチノイド系色素とされていたが、それ以上のことは不明とのことである。大袈裟にしないように、深掘りしないということだろうか。だが、放置は再発につながる。死体が届いた時点で、有機溶媒のような特徴的な臭いは全くなく、また、羽毛に完全に色のみが染み付いた状態であった。また、脂肪層にまで到達しうる高度な脂溶性は、海鳥類に健康被害をもたらすことも想像された。

餌じゃないの⁉

ここからは私の推測になる。塗料の入った缶が海に落ち、有機溶媒を含む中身が流出すれば海面を漂う。その状態は海面上空を飛ぶ海鳥たちに、プランクトン、そしてそれに群がる小魚など期待させたのだろう。少なくとも、剖検されたオオセグロカモメは飢餓状態にあったので、突如、目の前に現れた餌を思わせるモノに嬉々として飛び込んだ。飢えていたことの根拠は、竜骨突起の突出が顕著であったからだ。栄養指標について、脂肪の蓄積が指標の一つであると前述したが、筋肉の厚さも目印になる。特に、胸の筋肉（要するに、鶏のササミ）は観察しやすい。左右の筋肉が中央の竜骨突起に付着するが、飢餓状態が続き筋肉が消費・消耗すると、竜骨突起の出っ張り具合がきつくなるのだ。このオオセグロカモメもそうだった。これは生きた個体の皮膚の上からも蝕知（触診）できるので、鳥類臨床では栄養状態を判断する基本的な診察手技の一つとされる。

これに加え、オオセグロカモメの成鳥には、漁網混獲で必発する翼角周辺の羽のむしれが見られた。一度は、採餌中、漁網に絡まり命を落としかけたが、無事、脱出をした経験豊かな個体であったと想像される。だが、さしもの猛者も鮮やかな塗料には、なす術もなかったようだ。この個体への哀悼を込め、以下で漁網混獲事例から説き起こそう。

魚を捕る網に、魚を食べる鳥も捕られる

二〇〇五年一二月、根室港内の水産物地方卸売市場脇の歩道上にて、鳥類死体が計二四個体、その路上のごく狭い範囲一カ所で見つかった。大部分はカラス等により食害され、かつ、凍結状態で路面に凝着していた。何しろ、年の瀬で人の往来が著しい場所なので、目撃情報はすぐに得られた。すなわち、その前日には死体はなかったので、一夜にして、突如、出現したことになる。それなら立派な

事件と解され、市場から地元警察に通報された。しかし、「うちではない」と判断した警察署は、道庁に連絡し、道庁は水産物市場ということで農務課が回収した。回収された死体は、その前年、高病原性鳥インフルエンザが再興したことから、感染防止のため、すべての個体が家畜保健衛生所で簡易検査された。そして、検査で陰性を確認後、比較的状態が良好であった三個体がＷＡＭＣへ送付された（他はすべて焼却）。

送付前、私にメールが入り、「ハジロカイツブリ」を送るとあった。当時、ＷＡＭＣで収蔵していた標本にハジロカイツブリはなかったし、それに珍しい寄生虫も得られるかもと、死体を心待ちしていた。到着した日は一二月二七日。仕事中毒の私が運営するＷＡＭＣを除く世間一般は、翌日の御用納めで年末年始休暇

図 4-6　根室港歩道上にて見つけられ、WAMC に送付されたウミガラス 2 個体のうち 1 個体（左）、およびケイマフリ（右）

となる日だ。

さて、ワクワクして送付物を検分すると、何とハジロカイツブリは影も形もない。代わって、北海道ではオロロン鳥という愛称で知られるウミガラス二個体と、ケイマフリ一個体が入っていた（図

4－6）。

何たることだ……。特に、ウミガラスは厄介だ。この種は死体であっても、環境省レッドリスト上、絶滅危惧ⅠA類（CR）として厳しく管理されていて、種の保存法に従って所定の届けが必須となる。まず、道庁が休みになったので、当方から環境省に報告を行なった。当然、環境省も休みに入っていたが、使命感を生甲斐として行動する素晴らしき仕事中毒患者が、当時は必ず何人かいた官庁だった。もちろん、働き方改革などという語がなかったのも幸いした。

また、希少種だったことから、種の保存法違反事件に発展するかもしれないので、剖検後の体は証拠となる可能性がある。少なくとも廃棄せず、一定期間、保存しておくべきであろうと、私は判断した。そこで、環境大臣からの学術研究の許可も受け、標本化した。これらいずれも通常は書面でなされるが、複雑なので同省担当者と電話とメールを駆使し、完全なものにした。休みが明けたら、本学事務方を通して学長決済印を得、環境省に送付する手はずを整えた。一方、ケイマフリは、同・絶滅危惧Ⅱ類（VU）に指定されるが（道庁策定の北海道レッドリストでは絶滅危急種）、このような届けは求められなかった。

以上のように、年末年始の一斉休暇の時期だったため、事務手続きに相当苦慮したが、環境省の「仕事中毒」職員のおかげで、後顧に憂いのない状態で剖検に臨むことになった。完全に静まり返った学内は、粛々と作業をするのに好都合だ。大晦日も正月も関係ない。そう、WAMCにも重篤な「仕事中毒」患者がいるのだ。

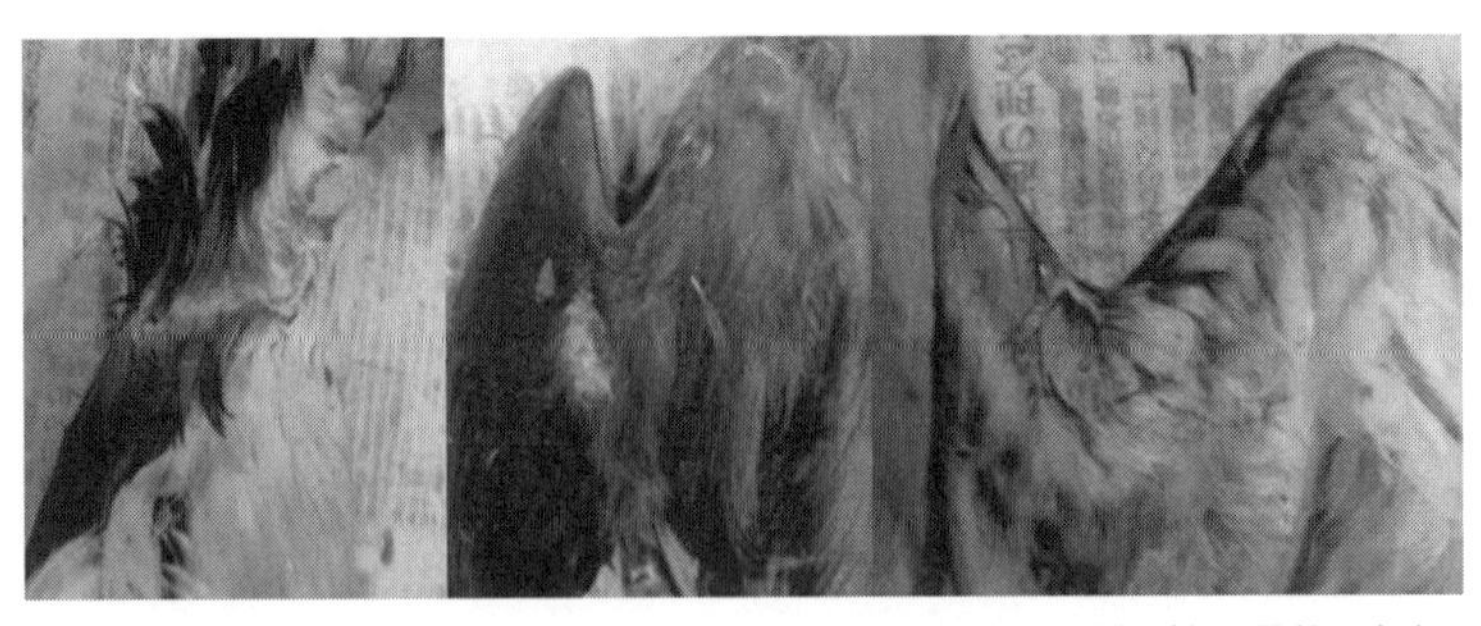

図 4-7　根室港の歩道上で見つけられたウミガラス体表上の小裂傷（左：頸部、中央：翼角部、右：翼基部）

三個体とも成鳥冬羽、皮下脂肪は十分に蓄積され、胸筋委縮は認められず、完璧な栄養状態であった。体表には重油などの付着はなかったが、頸部、翼角および翼基部の小裂傷と（図４－７）、口腔内に血液貯留が認められた。二個体で肺出血と気管内血液貯留を認めたことから、少なくとも当該両個体に関しては、口腔内に貯留していた血液は、気道からの出血とされた。さらに、これら両個体では、心臓および静脈系の鬱血、脾臓腫大が認められた。ほか一個体では左上腕部骨折を認めたが、折れた所が皮膚を突き破るものではなかったため、外貌所見では出血痕を認めなかった。

また三個体とも栄養状態が良好で、体表に重油等による汚れはなく、海鳥で頻発する重油流出事故や、渡り途中の衰弱死などは否定された。静脈系および心臓の鬱血と気道出血は、急性経過の循環障害を示唆した。厳冬期であったことから、低体温症も示唆されたが、低体温症で必発する胃粘膜の出血性糜爛（びらん）等は認められなかったので、保留したい。心鬱血（うっけつ）・脾腫（ひしゅ）の所見から溺死の可能性もあったが、口腔内の泡沫状物や皮下浮腫が未確認であったし、凍結変性もあるので、この当否は難しい。

この事例で注目すべきは、すべての個体の頸部と翼に小裂傷が認められた点であった。これは、漁場域で生息する海鳥の中心的な死因、すなわち、漁網に絡まった混獲事例の特徴的な所見である。通常ならば、混獲してしまった海鳥の死体は沖合で廃棄するので、今回のように、港施設内でまとまった状態で見つけられた事例は非常に珍しい。おそらく、年の瀬で気がせいていて、誤って持ち帰ってしまった。そして、やむなく投棄したところ、と想像している。

ところで、混獲され沖合で投棄された死体が、潮の加減で岸に打ち寄せられ、「謎の感染症、大発生！」のような騒ぎになることがある。その際、まず落ち着いて、頸や翼を検査し、前述したような裂傷の有無を確かめることである。ことと次第によっては、漁師の皆さんに心当たりがないか、情報を集めるのが肝要だ（難しいだろうが）。日本野鳥の会とバードライフ・インターナショナルは、二〇二〇年三月、日本近海の刺網漁による混獲リスクマップをウェブ公開しているので、現状把握には参考になろう。

人の都合で事案は起きない

剖検も終わり、人心地つくと、どっと疲れた。いつもなら単純な事例だが、今回、たまたま偶然が重なり、しかも「人の都合」によって、煩雑化したからだ。こうした「人の都合」のために、事例解析の効率性が減じるケースを少しまとめてみよう。

①長期の休み：この事例は年末年始の長期な休業・休暇で起きた。このほか、ゴールデンウィークとお盆も比較的長期の休みとなり、すべてがストップする。役所閉庁はともかく、キリスト教を建学の精神とする本学も、お盆休みになる。

②年度末：三月中下旬の年度末についても約二週間は予算が払底し、何もできない。たとえば、第三章で紹介したスズメのサルモネラ症がそうであったが、死体の送料すらないために、着払いでお願いされる場合もある。もちろん、送る側（役所）もないが、受け取る側（本学）も予算が枯渇している。私学であっても、年度予算は四月から翌年三月なのは一緒なのだ。仕方がないので、私費対応となる。

③新年度初め：四月は年度初めで、刷新された人事の体制がスタートする。重要事項は別部署に異動する前に、新担当者にしっかり引き継ぎされるが、野生動物案件は概して不要不急と見なされてしまうのか、これがなされないことが多い。そのため、こちらが新担当者に説明することもあった。

このような長期休みや年度端境期に事案が起きなければ問題ないが、もちろん「人の都合」など、一切、斟酌してくれはしない。そういう時に限って、起こるものなのである。

しかし、何と言ってもやる気

人は貴重な資源である。しかし、それぞれの適性を見極めて、適したポジションに配置されなければ有効活用されない。たとえば、今回のウミガラスとケイマフリのように、希少種と普通種では適用される法律、対応機関が異なり、手続きも変わってくる。したがって、野生動物の事例を扱う部署は、所管する地域の動物相の情報と識別能力を具有すべきである。ただ、根室の漁港でウミガラスとケイマフリがハジロカイツブリと間違われたように、特徴的な種の識別すらできなくても問題なし、一方、自己学習して処理能力を高めても、評価なし。そうなると努力をする意欲はなくなる。いや、それとは関係なく、自己研鑽を深め、せっかく能力を高めても、配置転換されてしまい……。

配置転換を伴う人事異動はジェネラリストを養成するうえで、非常に優れた仕組みである。が、野生動物の対応では、ある程度、特化して熟練度を求められる場面がある。さらに、根室の港で死体回収の任にあたったのは道庁農政部の職員であったが、野生動物を対象にした部署を有する保健環境部と共同で対応していれば、死体剖検の許認可などで私たちが巻き込まれた煩雑な状況はある程度、避けられたかもしれない。道庁の場合、採用時に、農政部か保健環境部のどちらかに決まると、その後、部を超えた異動はない。しかし、獣医師は両部に配属しているのだから、ワンヘルスが模索される時代、少なくとも、獣医師は部を超えた人事交流をして、有為な人材を見出し、野生動物の法獣医学に関して習熟した人材、スペシャリストを育成してほしい。

よく言われるように、英語のlaborとworkは一緒くたに「仕事」と訳されるが、前者は生きる糧を得るだけの行為、一方、後者はそれ以上の社会に対しての責任・使命も含む。もし、一連の事案を後者と解していれば、自己学習など何の苦もない。要するに個人的な心意気、関心の問題である。しかし、行政組織が個人の「やる気」にだけに依拠していて良いのだろうか……？

もし、システム、すなわち給与分の職務として、今後も対応するのなら、最低限の職務として対応する者が知っておくべき項目は何かを決めておくべきだろう。獣医大教育で例えるのなら、ミニマムリクワイアメント、すなわち卒業時までに全学生が必ず修得する最低限の知識・技術である。たとえば、本学含めほかの大学や研究機関などと協議すれば、これまでの事例を洗い出し、かつ、国内外の事例も参考にすれば、案外、簡単に項目の列挙はできよう。もちろん、数年に一度改定する。それぞれの項目が決定すれば、担当者への研修機会を設けるなどをする。何度も獣医大教育の例えを出して恐縮だが、教育課程で最低限教えるべき内容を指すモデル・コア・カリキュラム方式のような形がよいであろう。

鳥も釣られる延縄

ところで、漁網以外にも、釣りのような漁法もあり、そちらも海鳥類への影響は深刻である。それが延縄漁である。一本の幹縄という太いロープに暖簾のように多数の枝縄（あるいは延縄）を付け、

図 4-8　延縄に混獲される海鳥類

各枝縄先端の釣針で魚を捕る。これを用いた漁法として マグロ延縄漁がよく知られる。この漁法は日本発祥で、江戸時代に成立したものである。現在でも用いられるが、釣針に付けられる餌の冷凍魚が海中で腐敗し、体腔内にガスが充満する。そうなると海面に浮き上がる。大海原に突如、大量の餌が現れるのだ。魚群を探索している海鳥類が放っておくわけがない。先を争って飛び込む。その後は容易に想像ができるだろう。針と縄とが海鳥に絡み、多くの海鳥が死ぬ（図4－8）。

実はこれは、漁獲効率を低下させるため、漁師さんにとっても痛手なのだ。そのため、マグロ延縄船すべてに、水産庁が備え付けを指導した本『捕まえるのは魚、海鳥ではありません―延縄漁の効率を高めるための指針』では、如何に海鳥の混獲を防ぎつつ、マグロを捕獲するのかを説いているほどだ。

延縄にせよ、さきほど述べた刺網にせよ、あるいは他の漁具にせよ、魚を得るということは、海鳥の大量の死の上に成り立っている。いや、漁具ではウミガメ類や海獣類も同様に影響を与えている。少なくとも皆さんには、このことを知っていただき、可能ならば、出された魚は残さず食べてほしい。特に、野生動物の保護をしたいと望みながら、食べ物を平気で廃棄するような方は、その時点でアウトであると、私は思う。

重油塗れ鳥――油で死んだ？　それとも死後付着？

知床半島が、その前年の七月、ユネスコ世界遺産登録を果たしたばかりの緊張感に満ち溢れた二〇〇六年二月末から三月、その半島の斜里町を中心としたオホーツク海沿岸域に五五〇〇羽以上の海鳥の死体が漂着した。数も相当だが、死体には黒色の油がベッタリと付着していたのも不気味だった。当然、環境省と道庁は、世界遺産登録されたばかりという微妙な時期にあったことから、この事例を非常に重く見て、油成分は超特急で分析され、船舶燃料のＣ重油と判明した。さらに、道庁は重油の付着が海鳥に与えた影響、すなわち、真の死因は何か、どのような過程で死んだのかなどを追究することにした。

海鳥は水鳥なので、「陸鳥は北大、それ以外はＷＡＭＣ」のルールに従い、自動的に本学担当となった。そこで、道庁は斜里からＷＡＭＣに十数体分の死体を送付してきた（図４‐９）。折悪しく、年度末なので、道庁さんには予算がない。なので着払い、すなわち、私の私費負担となった。前述したが、大学も年度末は公費枯渇なのである。野生動物の死因追究は道民税で行なうべきものではなく、物好きな大学センセイがやれば良いというスタンスなのか！　と心中穏やかではなかったが、まあ、それはともかく、送られた死体で翼だけのような個体は除外し（私費なのだから、無駄なものは送らないでほしいのだが……）、九個体を剖検対象とした。種と数は、ウミガラス二個体、ハシブトウミガラス二個体、エトロフウミスズメ一個体、および種不明のウミスズメ類四個体であった。

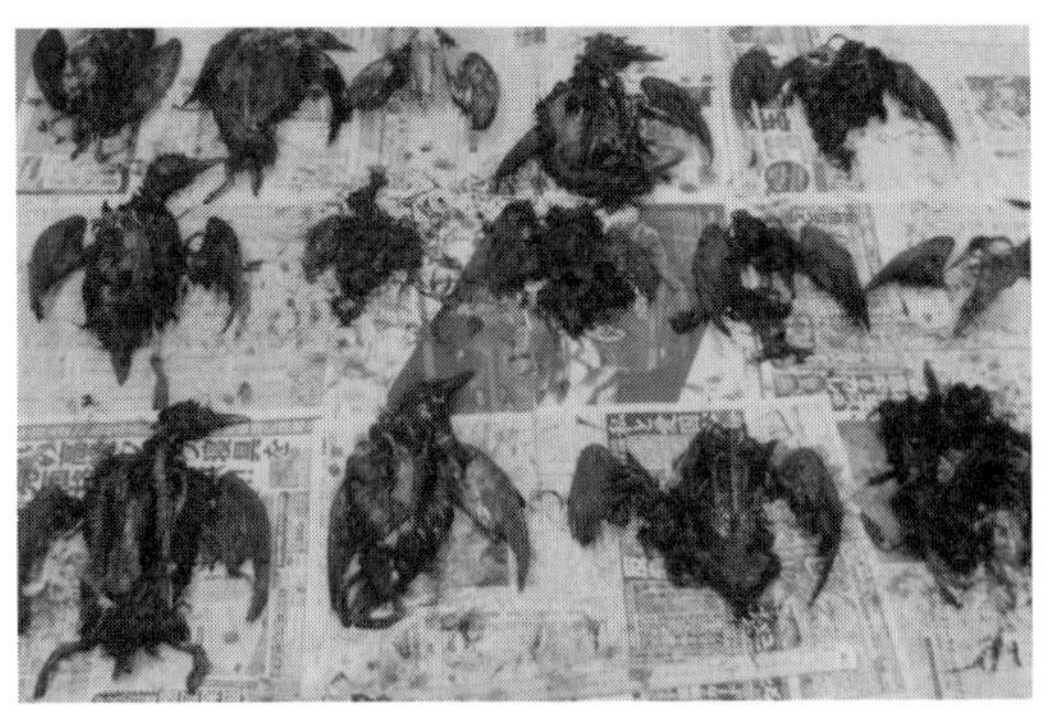

図 4-9　知床沿岸に漂着した海鳥類の一部（WAMC に送付された試料）

剖検の結果、ウミスズメ類では、いずれも皮下脂肪が豊富に蓄積されており、内臓に特に異常を示す所見、たとえば感染症や中毒などを示す急性疾患が認められなかったことから、死の直前までいずれも健康個体であったことが想像された。栄養状態もよく、したがって、慢性経過をたどる疾病等により消耗して死んだのではなく、急性の経過をたどり、かつ同時に多くの個体が死んだ事案と考えられる。そして、死後も氷中に封じられるなどして、死後変化が抑えられたと考えられる（図４－10左）。すなわち、ウミスズメ類の死因は、重油付着による急速な体温喪失がもたらした致死的低体温症などであると推察された。

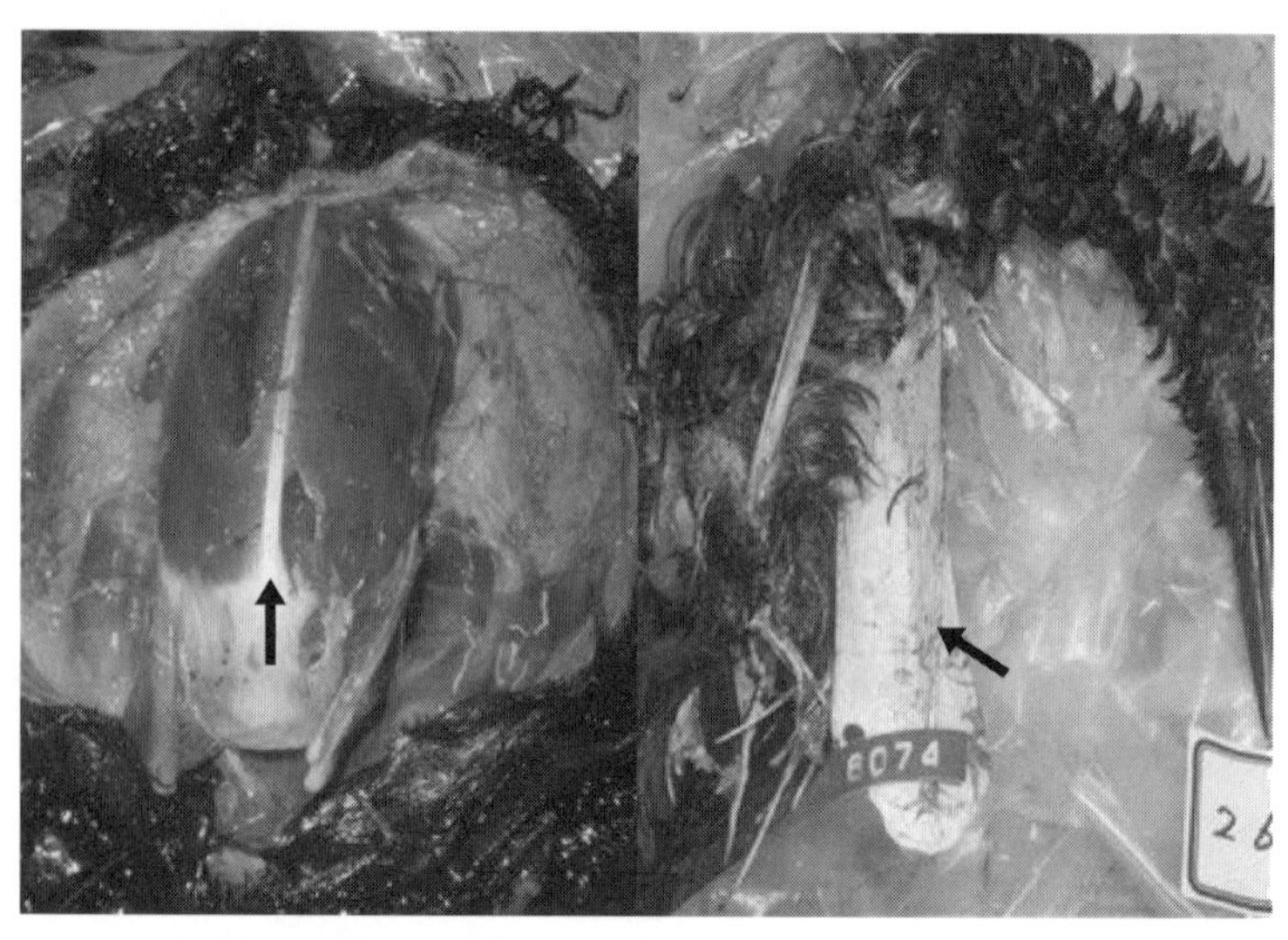

図 4-10　知床沿岸に漂着した海鳥類で、新鮮な状態の死体（左：ウミスズメ）と古い死体（右：ウミガラス）の一部。ともに胸の部分を撮影し、左の写真は胸筋（鶏肉のササミに相当）がきれいに認められる。胸筋は胸骨の上で発達し、この写真では中央の白色の直線状である竜骨突起（矢印）で左右に分かれる。一方、右の写真では胸筋が消失したため、へら状の胸骨と、それに垂直に起立する竜骨突起が、あたかもウルトラマンの頭にあるような突起物として認められる

一方、ウミガラスとハシブトウミガラスについては、死体の変性度合いがウミスズメ類とは異なり、死後の時間経過がより長いと考えられた（図4-10右）。すなわち、すでに変性していた死体が重油塗れになったことを想像させた。根室の事例で見たように、元々の死因は、漁網混獲などにより生じたのであろうか。ただし、漁網等の痕跡が確認できるほど、死体の状態は良くなかった。

ただし、公式見解では、ウミガラスとハシブトウミガラスの「油塗れになった古い死体」は除外され、ウミスズメ類の「油で死んだ」説のみをプレスリリースした。あまり複雑な話は好ましくはないという政治的な判断なの

だろう。すなわち、知床の世界自然遺産登録において、漁業者との対立もあったので、絶滅危惧ＩＡ類のウミガラス類の死が漁網混獲によるものと推定されたという話が出るとややこしくなる、といったところだろう。しかし、事実をしっかり説明すれば、一般の皆さんにご理解いただけると思うのだが……。

ここで私が言いたいことは、この本をお読みの方は、油に塗れた死体があっても、すぐに油が原因で死んだと思い込まないこと。要するに、野生動物の大量死のようなニュースに接した場合、わかりやすい原因にすぐに納得せず、疑い深い人になってほしいのである。

死体流出と大量死の経緯を想像する

日本は石油資源がないので、原油はタンカーで運ばれるしかない。しかし、人が造ったものなので、事故がない船なんて存在しない。最悪、沈没や座礁などに至らなくても、原油は容易に漏れる。こういった事故は大小を合わせると、日本周辺ではほぼ毎日起きているという。ただ、知床半島の例は、船舶燃料用のC重油なので、船舶からの可能性もあるし、地上に敷設された給油施設からの流出の場合もある。道東地方で起きたこと、また油に塗れた海鳥を海ワシ類が摂食による二次的被害が想定されたことから、猛禽類医学研究所の齋藤所長らも現地で調査を開始され、死体はサハリン沖から東カラフト海流に乗って漂流したと推定されたが、詳細は謎のままである。しかし、このままでは忘却の

図 4-11　知床に流れ着いた C 重油の海鳥、新旧の死体発生の過程

彼方に流される。次に類似した事例が起きる前に、少し想像力を働かせて心積もりしておくのは、予防面で、あるいは精神衛生面で必要だろう。

前述した根室港の事例を思い出そう。想定されるシーンは、混獲された海鳥死骸が山積みされた状況である。知床晩冬に油汚染の海鳥類が流れ着く前年、どこかの漁港で混獲されたウミガラスとハシブトウミガラスなどが網から外され、そのまま放置された。それらの死体は他の動物に食害され、あるいは腐敗し、次々と骨と皮になったものが堆積した。やがて冬が到来した時、死体の堆積した場所に近い船用燃料タンクからC重油が流出する事故が起きた。そして、近くにあった死骸を海上に押し流した。その後、重油を含んだ死体は海上を漂い、流氷にトラップされた。また海上に漂い続け、沖合でウミスズメ類を惑わした。惑わした機序については、すぐに後述する。また、以上の「空想」は図4‐11をご参照いただきたいが、一番気になるその場所はどこだったのだろう。おそらく、日本ではない。もちろん、知床半島の地理的な位置と東カラフト海流の関係もある。それに根室漁港で見たように、たった三〇個体ほどであれだけの騒ぎになるのだから、この国で死体の山が見過ごされるわけがない。

古い死体についても、混獲の場合、溺死をしている可能性も高いので、人の法医学の手法を応用し、第3章で紹介した骨中の珪藻類を検出すれば、ある程度の時期・場所の特定に根拠を与えよう。もちろん、新たな犠牲者であるウミスズメ類の場合も、肺が残っていたので、同じく珪藻類を調べれば、飛び込んだ時期と場所の手掛かりになる。実はこのことを期待して、今でも、これら標本はＷＡＭＣに保存をしている。今はわからないが、将来はわかるものと期待して。

油汚染による個体への影響

原油にせよ、重油にせよ、海面を被う油は、海鳥類には魚群と錯覚される。そして、勇んで飛び込み、油塗れとなる。さきほどの知床沿岸に漂着したウミスズメ類について、急性低体温症で死んだという公式見解が出されたが、実は、油による悪影響は多様である。

①物理的影響：まず個体レベルでは、油付着による物理的影響がある。密生する羽毛により形成さ

れた空気の層は、あたかも魔法瓶（テルモス）のように、体内外の熱を遮断する。すなわち、体温（鳥では約四〇℃と哺乳類より高い）は体内に保持され、体外の海水温は遮断されている。油が付着するとこの魔法瓶効果が破綻するので、低体温症となる。もちろん、冬のオホーツク海の海水なら、さもありなんであろうが、この理屈は空気中でも同じ。第3章で粘着シートにトラップされたハイタカ救護の経緯を開陳したが、その際、大量の植物油は危険！　としたのは、そういうことである。

しかし、もう一つ忘れてはならない空気の性質がある。この密な羽の層は空気を含むため、体全体が浮き輪のようになり海面に浮く。しかし、油はこの空気の層を破壊するので、浮いていられなくなる。致死的な沈溺、すなわち溺死となる。

②毒性学的影響：しかし、海鳥類も黙って、死んではいかない。最期のその瞬間まで、もがく。具体的には、羽繕いをする。羽繕いは嘴で行なうので、油は経口的に摂取される。したがって、運よく生き残っても、毒性学的影響が待ち構える。消化管に入り込んだ油は粘膜潰瘍を起こし、腸粘膜から吸収され、血流により肝臓や腎臓あるいは塩類腺に運ばれ、当該臓器・器官への毒性効果を惹起する。知床半島に流れ着き低体温症と診断された個体では、消化管が残っていれば、油が残った腸粘膜が観察されたかもしれない。また、前出の齋藤獣医師は、海ワシ類が重油付着海鳥類の死体を摂食し、結果的にワシ類体内に重油が摂り込まれ、上記のような健康被害が確認された、としていることも留意したい。

しかし、時間が経過すると、腸の蠕動（ぜんどう）運動で油が後方に押し出され、観察されないことがある。これに関連し、興味深いエピソードがある。二〇〇四年一一月、本学に近い石狩湾新港で貨物船から重油が流出し、二五個体の海鳥死体がＷＡＭＣに運ばれ剖検された。これらの消化管内には油は認められなかったが、そこに寄生する線虫幼虫（コントラカエクム属というアニサキスの親戚筋）だけが黒染していた。すなわち、油は蠕動運動で油だけが押し流され、消化管内では見えなくなったが、当該部位で生きていた線虫の体内にはしっかり摂り込まれ、体表のクチクラを黒染したのだ。普段見る線虫は乳白色なので、黒い線虫を見つけ「面白いけど、不気味だなあー」と、何とも中途半端な感じがした。第3章で紹介した鉛中毒のエメラルドのような虫卵にせよ、この炭の紐のような線虫にせよ、法獣医学に片足を突っ込んだ寄生虫学者だからこそ、味わえた醍醐味と言えよう。

③免疫学的影響：②の毒性学的な影響を逃れても、吸収された油成分は、免疫担当の細胞や抗体などの生成を抑制し、遅発的に免疫力の低下などを招く。献身的な救護活動を行なうボランティアさんらによって、生体に無毒な洗剤と強力水圧のシャワーなどを用い、体にこびり付いた油が丁寧に落とされたら、海鳥たちは放鳥に向けて体力回復を待つ。ここで注意しなければならないのは、一時収容施設で起こるアスペルギルス属真菌のような、どこにでもいる病原体による日和見感染である。第3章でも紹介したように、免疫力の低下はこのような、「つまらない」感染症の原因となるからだ。

海鳥の特異的な形態も仇に

海鳥類の特徴的な形態もまた、油汚染における事態をより深刻にする。これを理解するため、少し、海鳥類の生態を概観しよう。まず、海鳥類とは「少なくとも部分的には海で餌を採る」鳥類の総称である。もし、海鳥類を海上で生活する鳥種と定義すると、日本に渡る鳥のほとんどは海上が渡りルートなので、すべてが海鳥類となるがそうではない。海上で採餌しない種は海鳥類ではない。また、アオバトのように海岸で海水を飲む種がいるが、採餌は陸上で行なうので、これも海鳥類ではない。さらに、典型的な海鳥類であるカモメ類は、内陸の湖沼（汽水や淡水）で、カエル類を食べたりするので、常時、海で餌を採っているわけではない。

これらに該当する海鳥類の代表的グループとしては、チドリ類のシギ科・チドリ科・カモメ科・ウミスズメ科、コウノトリ類のウ科・ネッタイドリ科（以上ペリカンの仲間）・ミズナギドリ科、ペンギン科などに所属する約三〇〇種となる。これは、現生鳥類種数を約九〇〇〇とすると約三%に相当する。

これらにほぼ共通する特徴としては、塩類腺（図4-4）の発達のほか、①（大海原で生活するので）省エネ飛翔、②長寿命（五〇年以上はざら）、および③高密度状態下での繁殖、である。なお、塩類腺については前述したが、ほんの少し補足する。鳥類全般の腎臓の性質としては、哺乳類に比べ、単位重量当たりの糸球体数が少ないなど、腎機能が低い。よって、海の上で生きるためには、これを補完する塩類腺は海鳥では不可欠なのである。

さて、①に関しては、羽ばたき飛翔をできる限り避け、グライダーのように滑空するための特徴が翼に現れる。第3章の測定の所で、翼は人では手首に相当する翼角という部分で折り曲げることができ、そこに列状に生える大きな羽が風切羽(かざきりばね)であると話した。そして、風切羽は翼角を挟んで二種類が存在し、機能が異なる。すなわち、体幹に近いほうが次列風切(付いているのは、人の前腕を構成する骨、特に尺骨)、飛行機の主翼に相当する。一方、人では手の甲と指に付いているのが初列風切で、飛行機のプロペラに相当する。それで、海鳥類は次列風切が付く部分が、初列風切に比べて異様なほど長いのだ。ちょうど、グライダーのように。なので、鳥類の名前を全く知らなくても、この初列・次列の発達度合いの特徴を知っていれば、翼を広げるだけで、「あれ、翼幅に対して、やたらと翼開帳が長いな。ひょっとして、滑空している鳥?」くらいの推察はできる。ところで、翼とプロペラが出て、「ハンドルやブレーキに相当するのはどこ?」という疑問が残ったはず。それは尾羽。なので、生まれながらにしてこれを欠くカイツブリという水鳥は、何となく、止まり方が下手な気がする……(あくまでも、個人的な感想です)。

さて、海鳥類のよく発達した次列風切は、空を飛んでこそ優美である。が、一度地上(海面)に降り立つと、次に飛び立つ際、長い次列風切が邪魔となり、とても苦労しているように見える。生まれながらのトリのくせに、変テコリンなのだが、仕方がない。海鳥の主戦場は大海原の空中として生物進化の舵をきったのだ。この程度の犠牲、不便さは織り込み済み。だが、ここに進化過程であらかじめプログラミングされていない現象が起きた。それが油だ。油が体に纏わり付くわけだから、輪をかけて速やかな飛翔逃避を妨げる。

より深刻な個体群への影響

重油汚染に遭ってしまった海鳥類では、油にまみれた個体の救護に目が行きがちだが、種の保全という点でいっそう深刻なのは、個体群への影響である。個体群への影響は長期間、徐々に進行するので、目立たないから厄介だ。年功序列のようなことは海鳥類にもあり、長寿命ゆえの「頭の閊え」で、なかなか若い個体に繁殖の順番が来ない。そして繁殖場は、大都会住宅地のように高密度状態にあるので、若い個体にまで回ってこない。そのために、生物学的繁殖能力が備わっても、社会学的な実効性を持った繁殖活動には到らない。畢竟、繁殖年齢が遅延化する。

たとえば、油汚染事故の犠牲者が若い個体ばかりであった場合（こういった個体は、概して経験が少なく、虚弱）、その直後に繁殖場を調査すると、

「なーんだ、うじゃうじゃいるじゃないか」

と安心してしまう。しかし、その繁殖場には年寄りばかり、という危険性もあるのだ。外見は、皆、真っ白で、老若の区別はできない。したがって、近い将来、個体数は確実に急減する。急減すると、繁殖場での密度低下が、ただでさえ、遅延化した繁殖年齢から、負のスパイラルに巻き込まれ、どん

どん個体数は減少し、最悪、その再興は望めなくなる。つまり、その個体群は絶滅へまっしぐら、となる。以上のように、海鳥類固有の繁殖特性は、種の保全上、常に念頭に置かないとならない。特に大規模な油汚染により、一気に海鳥類が減少した際には、その時だけの話ではなく、数十年単位で推移を見極めないとならない。

二〇二〇年夏、モーリシャス諸島沖で、日本船籍の大型貨物船から燃料用重油が流出した。当初、大きく取り上げられたが、この原稿を書いている二〇二一年四月、その後のことを伝える報道はほぼ皆無だ。そうなると、多くの読者は記憶に残っていないのではないか。しかし、海鳥類など野生動物に残した爪痕は、深く永い。

さらには個体vs個体群問題に波及

ところで、油流出事故で、獣医師あるいは獣医療に求められることは何だろうか。あまた海鳥類の悲惨な姿に心を痛めない者はほぼ皆無だろう。したがって、野鳥救護研修でも、油洗浄は必ず含まれる。それはそれで、尊い行為なのだろう。しかし、さきほども述べたように、海鳥類固有の繁殖特性を考えれば、一羽一羽を丁寧に洗って放鳥しても、繁殖に参加できるとは思えない。放鳥した個体が繁殖場や餌を占有・消費して、本来、繁殖に参加できる個体の邪魔をすることにならないだろうか。効果が不明確な救護活動より、繁殖状況の調査や域外保全などのほうにも軸足を置くべきではないか。

もちろん、予算・人材・施設などのハードが、それぞれの施策に、十二分に充当されていれば、そういった生々しい話はしない。

しかし、実際、コスト（その原資の多くは税金）は限られるため、両施策で取り合うことが多い。すなわち、個体の救護活動と調査や域外保全は、明らかにトレードオフの関係にある。実は油汚染事故は、野生動物医学の中で個体救護と個体群保全との相克のマターでもあるのだ。そのような論議の場で、私が提唱する野生動物の法獣医学（第6章）は、中立かつ客観的データを提示するものと期待されている。

風力発電の風車への衝突

先に述べたように、危なっかしい形で油を運ぶ・使う根本的な理由は、日本に資源がないからだ。それならば、自国で賄おうという話になる。近年、再生可能エネルギー利用が推奨され、北海道をはじめとして全国各地で風力発電等施設の建設が相次いでいる。その一方で、風力発電に伴って野生動物、特に、鳥類への影響が懸念されており、実際に衝突や生息地放棄、移動経路の阻害等の影響が確認されるようになった。鳥類の衝突状況や種ごとの衝突リスク、風車周辺での鳥類の生息状況や渡りへの影響などについては、鳥類学者の献身的な努力で、日本各地で調査報告がある。

しかし、実際に衝突死したと目される個体分析の詳細な記録は少ないことがわかった。なぜ、わかったかというと、ＷＡＭＣにそういった死体の剖検依頼が多くなり、報告書を書かないとならず、そこで引用する文献を渉猟したところ、あまりにも少なくて、頭を抱えたからだ。

加えて、「実際に衝突死したと目される」という持って回った言い方をした理由はこうだ。風力発電所の周りで発見される鳥類死体は、風車のハネで叩き殺された、あるいは衝突して死んだなどという前提で持ち込まれている。そしてそれは、冷凍保存されていた死体（当然、別の原因で死んだ・殺された）を、たとえば、その風車撤去を強く望むような人・団体が、その下に置いたという蓋然性はないとしている。もちろん、私もないと思うが、仮に、大型冷凍施設の所有者が、たまたま発電所操業に反対していた場合、あるいは、その会社が不利益を被ると、それにより自分の会社が益を得るような場合、はたまた、単なる愉快犯の志向者がいたらどうだろう。これまで述べてきたように、野生動物の死体は、あるところには、たくさんある。まあ、疑うときりがない。ここは性善説を採用し、進めよう。

二〇〇四年二月から四月にかけ、苫前町で回収されたオジロワシ二個体、トビ一個体、オオセグロカモメ一個体が立て続けにＷＡＭＣへ搬入された。二〇〇四年二月というと、ＷＡＭＣの正式的な運用はその年の四月からなので、本当は立ち入り禁止であった。しかし、そんな人の事情で待ってもらえないことは、これまでにも何度か述べた。死体はすべて当地の風力発電所風車周囲で発見、回収されたものであった。これらは、オジロワシという希少種として指定されたものもあり（図４-12）、環境省（北海道地方環境事務所）の依頼を受けた。

図 4-12　胴体が両断された状態で回収されたオジロワシ。吉野・浅川（2021b）より改変

すべての個体で体の一部が切断されていた。特に、オジロワシは二個体とも腰部から真二つにされ、切断面は粗剛で周囲には破砕された骨片が付着していた。そのため、急激かつ強い外力が加わって胴体が両断され、それは鋭利ではなくある程度の厚みがあるものが原因であり、内臓や血液は切断時に散逸したことが示唆された。このような所見は、トビの状態も同様であった。残りの個体も、頸椎あるいは腰にある鳥特有の癒合仙骨（ゆごうせんこつ）が切断され、著しい物理的な衝撃を受けていた。以上を環境省に報告した後、こまめに発電所周りの巡視がなされ、二〇〇五年一二月にも石狩市で発見されたオジロワシ一個体でも同様な所見（ただし、主要な受傷部位は右肩部）が得られた。

上述のように、私たちが扱った五例は風車への衝突と考えられたが、受傷部位や度合いは様々であった。鳥類は高速回転している風車を認識できないこと（モーションスメア現象）、あるいは採餌、索餌飛行中に正面や頭上の危険発見が遅れること（猛禽類は下方に集中する傾向が強い）、はたまた急な悪天候による視界不良、などが衝突の原因とされている。種ごとの飛翔高度や風の強さ、他個体の干渉なども関わることも示唆され、また、そもそも鳥類は障害物を認識しないので、風車が回転していない状態であっても衝突事故が起こりうるとの報告もある。

過去の事例報告でも、胴体などが切断され分離している事例や、背面に受傷したが体部は切断されていない事例があり、衝突時の状況や鳥種によって受傷個所や程度が変わることを示唆している。今回の事例では、いずれも事故当日は強めの風が吹き風車が回っている状態で、靄や雪により視界もあまり良好ではなかったため、特に、気象の影響が大きかったと考えられた。そうなると、鳥類の衝突を避けるために、荒天が予測される場合には風車の回転を一時的に止めるなどの措置が考えられよう。

天候異変は浄水場の罠に誘う

あまた動物の死は、エネルギー供給の場ばかりではない。清潔な水を得る場でも起きていた。今回の事例は道外で、中部地方の某県、二〇一一年とその翌年の夏、ある浄水場の汚泥処理施設でイワツバメの大量の死骸が発見され、周辺住民に不安を与えた（図4－13）。そこで、当該施設を管轄する市役所は、その水の毒性検査をしたが、異常値は示されなかった。

それでは、イワツバメたちは、「なぜ」死んだのか。その市役所は原因解析を公益財団法人山階鳥類研究所に相談した。そちらの研究者がその役場に、WAMCに解析を依頼するようにと、提案くださったようだ。これまで私たちは、WAMCで経験した剖検事例を日本鳥学会の年次大会で発表していた。鳥学会の中では毛色が違う発表なので、受け入れられたのかどうか不安であったが、少なくとも、その研究者はご存じであった思うと、嬉しくなった。また、山階鳥類研究所には、感染症調査で

図4-13　ある浄水場の汚泥処理施設で見つかったイワツバメの死骸

はロケットネットによる捕獲で全面的にご支援いただいたし、他にもモロモロ借りがある。少しでも負債を返させていただこう。

ところで、前述の「なぜ」だが、ここでは死に至る過程を体内の様子で語る至近要因と、死に誘われた生態・環境などの究極要因の二つから語っていく。

ＷＡＭＣに送付されたのは、二〇一一年と翌年初夏に回収された遺骸であった。二〇一一年の個体は、腐敗した状態で、しかも長期間冷蔵保存されていたため（ご自宅の冷蔵庫で食物を腐らせた経験のある方は理解できよう）、解析では苦慮した。そこで、

「できるだけ解析しますが、得られる知見は限られています。もし、次回も同様な事例があったら、できる限り新鮮なものをいただけませんか」

と、仮所見とともにお送りした。すると実際、翌年も同じことが起きてしまった。二〇一二年の材料は新鮮で、組織学的な検査も可能であると考え、本学の獣医病理学ユニットと共同研究した。

共通した外部の特徴は、高度粘性を有する汚泥が腹部に付着していたことである（図４－14）。また、

腹部皮下に中等量の脂肪貯留が確認されたことから、栄養状態は良好であった。一部個体に頸部裂傷が認められたのみで、多くは外傷性病変は認められなかった。急性の肺出血、消化管内の汚泥物充満および同部腸管壁浮腫、肝臓退色（循環障害によるものか）が確認された。組織所見では、感染症を示す特異的かつ全身的炎症像はなし、皮膚に急性蜂窩織炎（傷口より侵入したブドウ球菌などに起因か）、肺・細気管支内に細菌集簇巣を認めたが、同部組織反応はなかった（吸引された泥中細菌の貯留か）。

以上から、イワツバメが汚泥に拘束された後、泥吸引による気道病変や傷口からの細菌感染に加え、羽繕いまたは脱出を試みた際（図4-15）、急激に体力を消耗し、さらに、継続的な雨水（後述）による体温の奪取なども加わり、衰弱死したと考えられた。

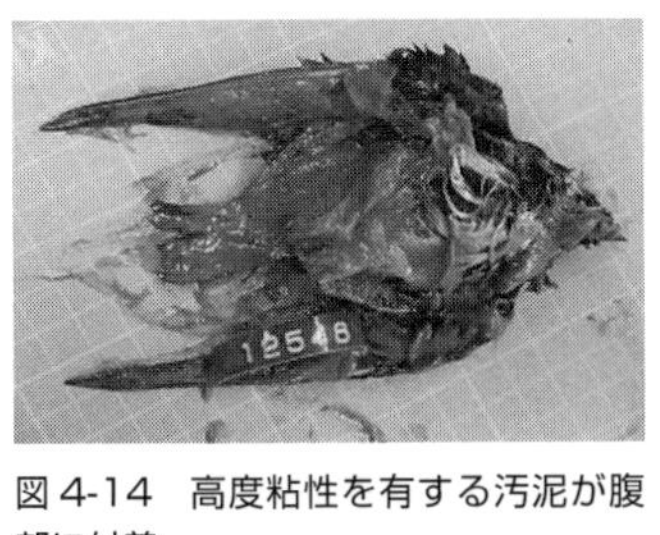

図4-14　高度粘性を有する汚泥が腹部に付着

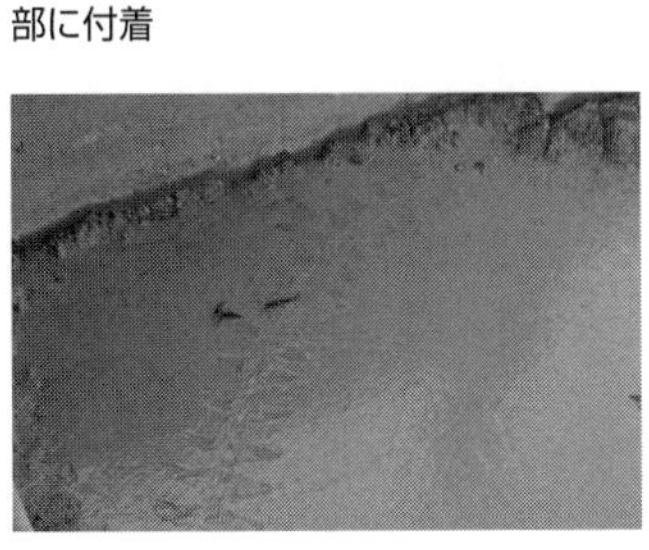
図4-15　飛翔を試みた跡が浄水場に沈殿した泥に残る

しかしなぜ、このような大量死がこの二年に限って起こったのだろう。イワツバメは春から初夏、岩壁・建物に集団営巣する。巣材としては泥を使う。両年とも大量死体確認の二日ほど前に暴風雨があり、通常利用する河川が増水して、泥の採集が困難となった。そのため、当該浄水場の汚泥処理プールに侵入して、泥の採集をしたものと想像された。ところが、汚泥処理

図 4-16　イワツバメが浄水場の粘着度が高い泥にトラップされる過程

施設では、浄水効果を上げるため、通常、泥粘着力をより高め、泥成分沈澱を促進させる。これを促進する目的で、ポリ塩化アルミニウムなどの凝集剤を添加している。この薬剤が混ざった泥が、イワツバメの羽毛に一度付着してしまうと、その場から飛び立つのが難しいのだろう。そのために、次々とそこで拘束されたと想像される（図4－16）。その後、汚泥処理施設では、汚泥処理プールに多めの水を残して、泥が鳥には見えないようにするなど適切な対策を講じたようで、このような大量死は起きていない。

輸入家畜飼料に紛れる野鳥

これも食べ物の生産と野生動物の死の話であるが、私個人としては、比較的身近な出来事なので、できたら触れたくない（ことを荒立てたくない）エピソードではある。しかし、野生動物の〈死・殺〉事例はこれからも増加していく。覚悟を決めて書くことにしよう。

本学建学の精神「健土健民」を実践するのが「循環農法」という理論である。この理論骨子は、①土壌は地下資源のように枯渇する心配がなく、適切な管理で無尽蔵であること、②その管理とは人と自然が共生し、物質やエネルギーが円滑に循環するシステムを作出すること、そして、③そのシステムを活用した農業は人の生命の糧を生み出し続ける聖業であること、と要約される。一〇〇年以上も前、富国強兵に邁進し足尾銅山事件のような環境破壊の進む世の中で、若き創立者がこの考えに思い至ったのは驚嘆に値する。とりわけ、②のシステムの要が、人の食料資源として利用できない植物から動物性蛋白質を生産する大型草食家畜の活用、すなわち、酪農を含む畜産である。なので、身贔屓と思われるかもしれないが、私たちは本学校名に矜持を持っている。

だが、創立者の熱い思いとは裏腹に、このシステムに破綻が生じつつある。日本の総合食料自給率（カロリーベース）が四〇%未満であることは、最近、何かと喧しいので、どこかで聞いたことがあるだろう。これを下回るのが、家畜に与える飼料の自給率である。農林水産省令和元年食料自給率のデータでは約二五%であり、残り約七五%が輸入されている。この多くは濃厚飼料の原料となるトウモロコシであるが、牧草（乾草）など粗飼料すらも相当量が輸入されている。乾草ロールも案外多くが輸入されたものだ。すなわち、畜産業に関しては、②で示した「循環農法」のようなシステム（義務教育の社会科的には第一次産業）の賜物ではなく、原料を輸入して加工する第二次産業的なのである。食欲をそそる画像で魅了する乳肉の製品・料理の多くは、大地の恵み、地元産品のような演出をされるが、産業構造的にはほぼ自動車と変わらないモノなのである。

なお最近、輸入飼料による生産分を除かない国内生産の指標として「食料国産率」という数値が出現し、こういった輸入飼料を与えた畜産物が、あたかも自給率向上に寄与している雰囲気がある。しかし、経済産業省ならまだしも、第一次産業に責任を有する農林水産省が、このような数値を掲げるのはいかがなものか。

最近は、中国や東南アジアの富裕層が、日本産の乳肉を購入している。彼らは日本人農家の丁寧な飼い方に支払っているのだ。高評価を受けたこと自体、素晴らしいことである。しかし、本学創立者が目指した日本人の日常食、ましてや救荒食というモノではない。「今夜はお祝いだから、国産にしよう」という団欒の会話が常態化してはいないか。日本で生産された乳肉は、今や、私たち日本人にとって贅沢品で、安価な輸入製品に競り負けている。いや、この方式に従えば、たとえば将来、より安価な培養肉が登場すれば、消費者

図 4-17　本学入院牛舎前にあった乾草ロール

はそちらに流れるだろう。もし、真の「循環農法」に基づく有畜農業の必要性を国民一人一人が理解しなければ、有畜農業自体が絶滅する。もっともそうなれば、メタンガス発生源も放牧地用森林伐採もなくなるし、家畜の病気や食肉衛生管理の負担がなくなり、この分野の獣医師不足を嘆くこともなくなる。いやいや、いけない。これ以上の深掘りは、本書の主題からどんどん離れるので戻そう。

さて、粗飼料不足を補うため、国外から輸入された乾草ロールであるが、皆さん、どこかの牛舎・

厩舎などでご覧になったことはあろう。広大な牧草地を持つ本学ですら、実は、輸入乾草のお世話になっている。WAMCは入院牛舎に囲まれているので、その一部が脇に積まれている（図4‐17）。これを間近で接すると、でかいことを実感する。

とにかく、でかいので、輸入時に、異物をくまなく検査するのは不可能である。ノーチェックなので、国外の野生動物の死体あるいはその一部が、この中から発見される。当然、そのようなモノと一緒に、国内には知られない病原体が持ち込まれる危険性がある。たとえば、二〇一〇年に国内で発生した口蹄疫では、東アジア地域からの餌用稲ワラにウイルスが付着していた可能性が指摘されている。また、昆虫類やダニ類などは、生きた状態で入ってきて、さらに繁殖可能であった場合、新たな外来種問題を惹起することにもなろう。私たちが関わった事例は、前者の国外の野生動物の死体であった。

二〇〇七年一月、日高町の競走馬飼育施設内の餌槽にて見慣れない野鳥の死体が発見された。同施設では、北米ワシントン州から二〇〇六年一一月に輸入された乾草ロール状の牧草（品種はチモシー）を与えていた。大切な馬の健康に悪影響があるかもしれないと心配した牧場主は、道庁農政部に指示を仰いだ。まず、この鳥種が国外から来たのかどうかがわからないと始まらない。そのような背景から、道庁担当者から私に連絡され、二日後、同個体はWAMCに送付された。

そして、梱包から取り出された途端、ホシムクドリ（図4‐18）と同定された。ホシムクドリの自然分布域は欧州から中近東、北アフリカ、インド北部および中国南部でかなり広範囲に生息する。日本ですら、北海道の稀な旅鳥として記録されている。さらに、人為的な分布域として北米にも多数生

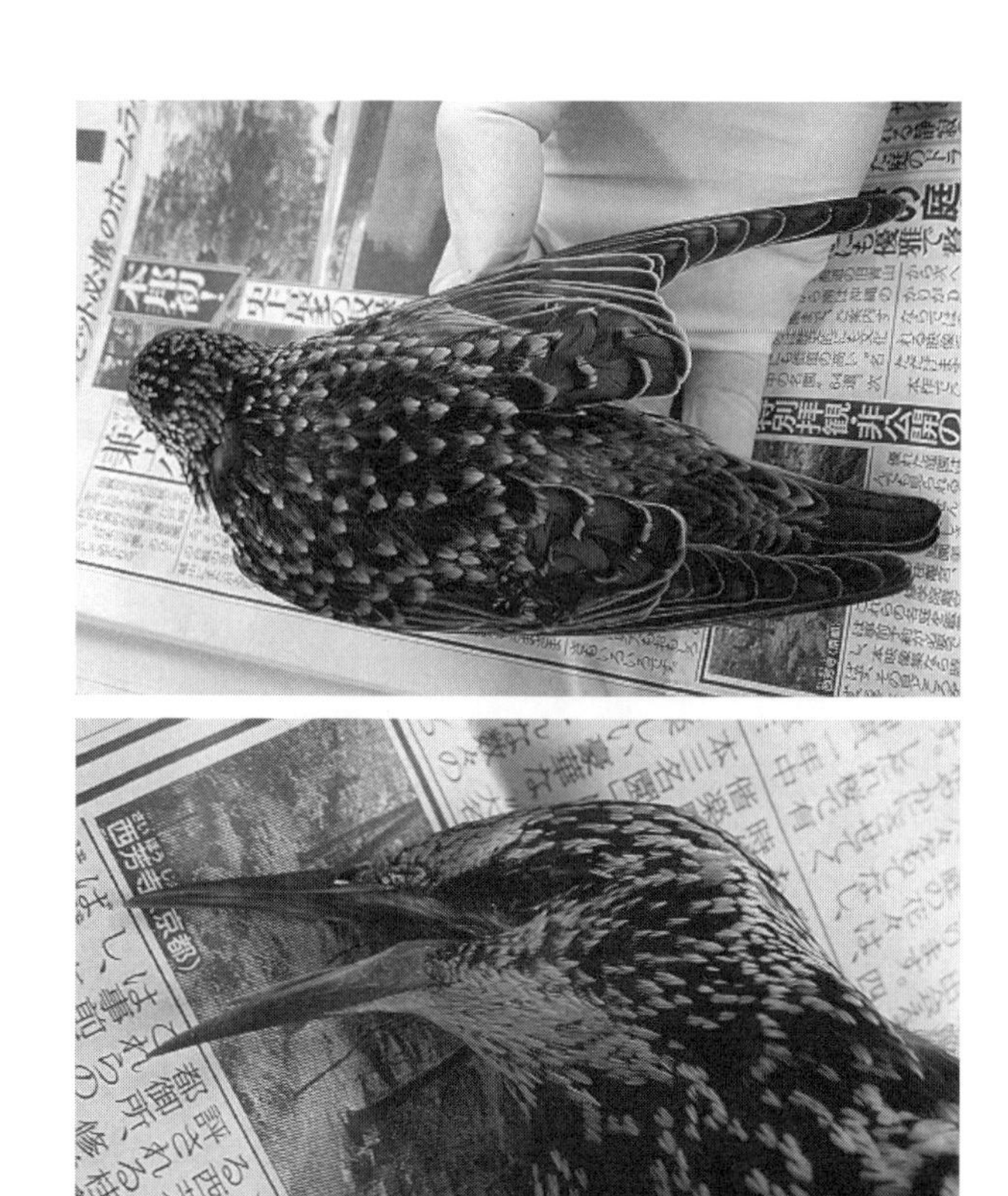

図 4-18　日高町の競走馬飼育施設内餌槽にて発見されたホシムクドリ死体

息している。英国からの植民者が、母国を思い出す縁に、この鳥を連れていたとされ、それが篭脱けして増えたのだ。すなわち、北米においては立派な外来種である。しかし問題はそれだけではなく、彼の地で、最近侵入したウエストナイル熱ウイルスの重要な保有宿主種となってしまったのである。

　さて、馬牧場の個体だが、送付された死体は完全に乾燥した状態であった。このため剖検は不可能となった。しかし、このような状態になるまで自然乾燥するには、乾草ロールから飼槽に移す程度の短時間では無理である。よって、北海道に飛来したものではなく、北米から輸入された乾草ロールに紛れ込んでいた可能性が高いと道庁には返した。北海道に飛来する本種の発見事例をまとめた最近の調査でも、日高町での記録はほぼないことから、この回答は誤っていなかったと回顧している。このミイラ状のホシムクドリ標本は、現在、本学の研修館にあり、公開講座では必ず日本の畜産事情を話す際の優れたモデルとして活用している。

もちろん、ホシムクドリは草原性というわけではない。また少なくとも、ビニールで覆われた乾草ロールの中に奥深く入り込んだことは考えづらい。おそらく、牧草を乾燥する過程で紛れ込んだものと想像されるが、詳細は不明のままである。この節の冒頭で述べたように、もし、有畜農業がなくなれば、乾草の輸出入もなくなり、当然そうなれば、国外に生息する野生動物の死体はやって来なくなる。しかし、現在のように粗飼料を輸入する状態を継続するのなら、バイオリスクの管理上、いつまでも謎のままとして放置はできまい。

ところで、牧草地は鳥類の眼には草原として映る。したがって、草原で繁殖をする種、たとえば、めっきり少なくなったオオジシギやシマアオジなども、かつて、牧草の刈り取りや雑草管理が「いい加減」だった牧歌的営農形態であった頃には、本学牧草地でも、多くが繁殖をしていた。しかし今は、その姿はない。「内地」では青森県仏沼(ほとけぬま)干拓地で繁殖するオオセッカが有名であるが、馬の放牧による採食や踏圧が草原に悪影響を及ぼしてオオセッカの繁殖に少なからず影響している、とする考えもある。草原性鳥類の繁殖生態を鑑みた場合、牧草地・放牧地の運用には、もう一工夫ほしいところだが……。

防疫の限界を埋める野生動物医学

こういった輸入乾草に混入するのは野鳥だけではない。二〇〇一年に牛海綿状脳症（ＢＳＥ）が日本で発生したことを受け、二〇〇四年一一月、農林水産省消費・安全局は、全国の農家に「輸入粗飼料への異物混入について」という調査依頼を実施した。それによると、四五都道府県の約一〇〇〇戸の農家から回答を得た結果、輸入乾牧草中に哺乳類由来異物が混入していた割合は約二三％で、鼠類、兎類、羊、シカ、種不明の骨、糞、その他死骸、であった。また、その他死骸の中に、蛇、蛙のほか鳥類も含まれていた。これら大部分は検査されず、前述の馬牧場のように混入していた鳥類の種が同定されたのは例外的だ。

日本における家畜など動物の輸入検疫は、検疫所、動物検疫所および植物検疫所といった専門諸機関の優秀な担当者と、四方を海で囲まれる地理的性質により有効に機能してきた。しかし、流通の国際化・輸送時間の短縮化、渡り鳥あるいは黄砂に付着してくる病原微生物の存在がこれを脅かしている。また、検査対象は、感染症予防法と家畜伝染病予防法のほか、狂犬病予防法や植物検疫法などの法律で規定された項目、つまり対象動物と病原体だけで、輸入動植物すべてをターゲットにした検査ではない。

したがって、ホシムクドリのミイラやさきほどの哺乳類のように、正規流通過程ですら様々な動物（の死体）が入り込んでいるのだ。家畜などの飼育動物ですらこのような状況なのだ。国外の新規病原体から守られる法的仕組みがない野生動物では、全く無防備である。できることは、国内に入り込んだ後、モニタリングや予防などの防疫で、野生動物医学関係者などが対応するだけである。当然、謎の大量死が起きた場合、その最前線に立つのが、野生動物の法獣医学となろう。

第5章　哺乳類と爬虫類の剖検は命がけ

事案と場所の組み合わせ

私の根源的な興味は寄生虫の地理的分布の歴史、生物地理学である。寄生虫が、人や動物といった宿主の体内に巣くいながら、宿主の分布域と寄生虫の分布域とが必ずしも完全に一致せず、付かず離れずの微妙な間合いをとりながら、寄生虫と宿主がそれぞれの進化的な時間軸で変遷していく現象が面白いと感じている。モデル研究の場は、対象とする寄生虫種により、日本列島やユーラシア大陸、あるいは生物地理学的な全北区などと範囲は異なる。いずれにせよ、私は「場」に人一倍のこだわりがある。なので、法獣医学的なシーンでも、場所に強くこだわる。まず、ある事案・事件などに関わる場所については、次の三パターンがある。すなわち、

①事案、死（殺）、（死体の）発見が同一場所
②事案・死が同一で、発見が異なる場所

③死・発見が同一で、事案が異なる場所

である。

①とは、たとえば、飼育犬の長期間放置・無視事案。その犬が首輪装着のまま餓死したような状況である。多頭飼育・飼育崩壊などの現場を訪れた新人職員（獣医師含む）がトラウマになるような、想像するだけでも痛ましいシーン。第6章で解説する狭義の法獣医学が対象とする典型的なネグレクトというやつだ。WAMCでも、ネグレクトが疑われる飼育犬・猫の事案について、警察から鑑定協力を依頼されることもある。そのような場合、品種ごとに異なる体長や体重のほか血中内の逸脱酵素やホルモンの濃度や尿中の生化学的な成分などの生理学的な正常値を知らないと始まらない。特に、体重は重要で、運よく生き延びた個体の体重が正常値からどのくらい軽いかがネグレクトの鑑定材料となるからだ。ネグレクトの事案に接するたびに、

「まともな獣医さんらしく、しっかり復習しないとな」

と、決意だけはする。犬・猫以外の愛玩動物や生産動物に関わった事案では、白骨の鑑定依頼も少なくないため、種・品種ごとの骨解剖学的特徴を押さえておかないとならない。だから、獣医大の一、二年生時に苦しめられた解剖学に、還暦を超えたこの年で、再び苦しめられている。

②とは、たとえば、野生動物の森林・草原など生息地での密猟事案。その死体が食材として密かにジビエ料理専門店に納入され、当該店舗のバイト学生が、その店の冷凍庫内に希少種の遺骸を見つけ、

環境省に通報した状況などが想定される。ただし、これは私が無理やり描いたフィクションである。だが、アジア・アフリカの国々では、国外観光客を相手にブッシュミート（野生鳥獣の肉）や漢方薬などを提供する店があり、時々、内部告発により違法な種を扱う者が摘発される。

実際に、アジア保全医学会のシンボルマークとして知られ、かつ、今般のCOVID-19の病原コロナウイルスの媒介動物の一種とされたセンザンコウが、多数、密猟の犠牲者になっている。こうした事案には、「国境無き医師団」の獣医師版である団体メンバーが問題のあった場に飛び、獅子奮迅の活躍をしている。彼らはタイや韓国など、日本より進んだ獣医大出身の獣医師たちであり、最近、ジビエブームが過熱した日本でも見習いたいものだ。いつまでも、アジアの獣医師たちの後塵を拝するばかりではいられないからだ。

そして、③の場合、「死・発見が同一で、事案が異なる場所」とは、たとえば、ある場所で交通事故により大怪我をした野生動物が、弱ってはいるが、その場を離れ、全く別の場所に逃避する機能は残っていて、その場所で潜み体力回復を待っていたが、結局、そこで衰弱死、後日、死体発見された、というような状況である。こちらはフィクションではなく、ＷＡＭＣでも普通に経験される。たとえば、……。

路外でも交通事故死

江別市西野幌（にしのっぽろ）にある本学メインキャンパスは、国道含め三方を道路が囲み、車両の往来が激しい。そのためキツネ、タヌキ、エゾリス（キタリスの亜種）、時にはアライグマなどが頻繁に交通事故の犠牲者になっている。もちろん、ニホンジカ（北海道なので、亜種名エゾシカのほうがお馴染み）もだ。ただし、この事例はメインキャンパスから離れた附属農場で起きた。

二〇二〇年初冬早朝、本学附属農場管理者から元野幌農場内にシカの死体があるとの通報を受けた。農場は畜舎・事務棟などの建屋を除けば、草地・畑作地・河川が展開する。農場は同大の肉畜生産拠点として設置され、敷地総面積は約一〇四ヘクタール、東京ドームの二二倍以上の広さであるので、たとえシカのような大きなものでも、よく見つけたものだ。丁寧に巡回していることの証拠だろう。同僚として誇らしい。

さて、死体は国道から直線距離で約一・五キロメートル、道道（誤字ではない。道庁が管理する道路）から約一〇〇メートル離れた耕地内で見つかった（図5－1左）。この通報に対し、まず江別市の環境課に報告し、次いで、WAMCに死体を搬入するようにお願いした。市からは、大学敷地内の事案であるため報告不要との回答を得た。この本で何度か述べたが、野生動物の死体は「生ゴミ」にすぎないのである。

大事なことなので繰り返すが、「生ゴミ」扱いは全国的なことであり、江別市に限ったことではない。

図 5-1　本学附属元野幌農場の位置（上：google map より改変）と、その農場内のシカ死体（左）

しかし、江別市と本学とは良好な関係を築いているので、できうる限り検査材料として活用している。さもなければ、WAMCの存在意義が疑われるというものだ。それはともかく、同日午後、シカ死体はWAMCに搬入された（図5－1右）。

個体は雄成獣、頭部の天然孔（眼球、鼻部および口部）はほぼ無傷であったが、背側皮膚に複数の皮下組織に達しない浅い「傷」が複数認められた。一方、左臀部から同大腿部背側にかけて大きくえぐられた広範な損傷を認めた（図5－2）。また、腸管が欠損し、左大腿骨は骨盤骨から離れた脱臼状態であったが、大腿骨・骨盤骨自体に骨折は認めなかった。また、内臓・胃は変性傾向を呈したが、特に、肉眼的な異常は認められず、腹腔内の血液の貯留は認められなかった。腎臓周囲の脂肪量から栄養状態良好であり、胃内食渣も貯留し、斃死するまでは食欲旺盛であったことが推察された。体表には多数のマダニ類寄生が認められたが、内部寄生虫は得られなかった（残念！）。

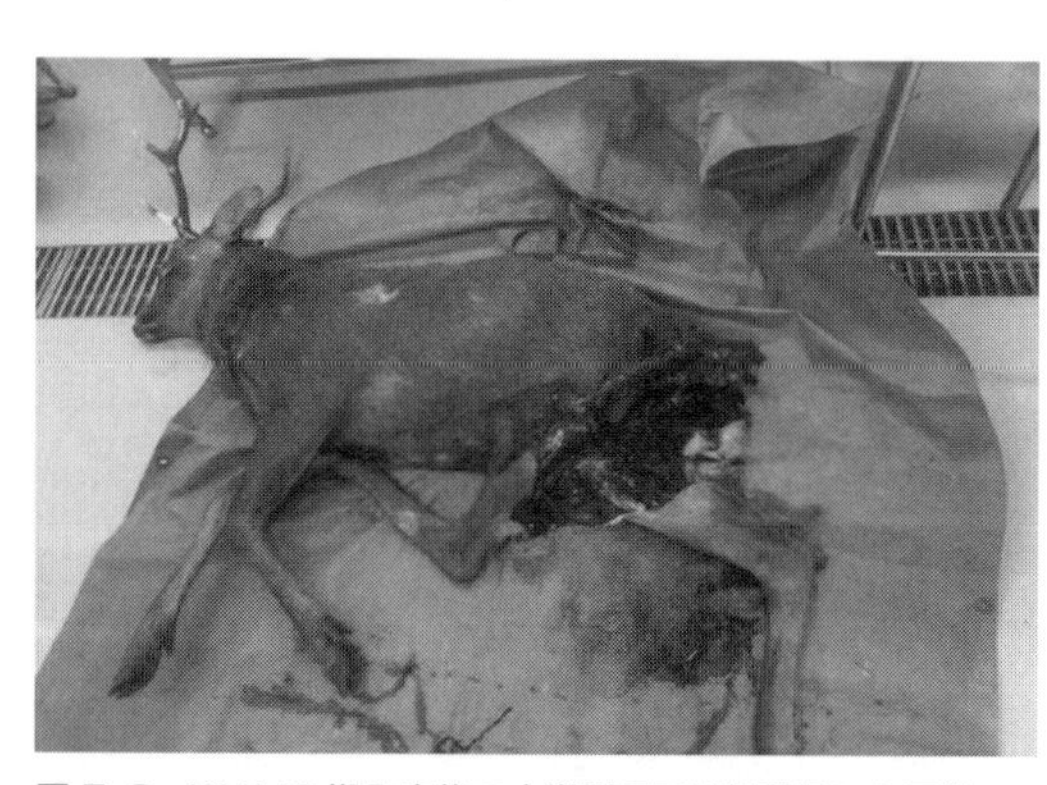

図 5-2　WAMC 搬入直後の本学附属元野幌農場シカ死体

発見した農場管理者によると、この死体のあった場所には、常に多数のカラス類が死体上に集簇していたことが目撃されていた。したがって、搬入時の損傷が著しかったのは、カラス類による影響が強いものと考えられた。おそらく、物理的衝撃によって左臀部に生じた裂傷部と肛門をカラス類が集中的に採食し、その過程で腸管を引き出したのであろう。そして、背側部の「傷」は損傷部の部分にありつくことができなかったカラス類が摂食を試みた痕と想像された。

大腿骨脱臼が起きるほどの物理的衝撃を与えた原因は、周辺状況から路上での交通事故、すなわち車両との衝突が最も可能性が高い。しかし、ダメージを受けたにもかかわらず、道路から農場内に逃げ込み、潜んでいたが、カラス類の攻撃をかわすだけの体力もなくなり、衰弱死したものと想像される。このように、路上に死体がなくても、交通事故が原因で死ぬことがある。

死ぬまでの過程

本書では徹頭徹尾、死体の話に終始しており、死に至る過程は端折っていた。ただ、これがわかっていないと、このシカのような即死ではない場合の事例を理解するのが難しいのではないか。通常、大きな外傷を負うと、まず、呼吸器や循環器から、次いで、腎（尿路）や神経機能の組織障害から不全が起き、最終的に多臓器不全となり、死に至る。したがって、救急救命では外傷動物の呼吸、循環、腎、神経をモニタリングし、合併症を防止することが基本である。

おそらく、本学農場で見つかったシカは、車にぶつかった地点（道路）からの避難場所として、農場の茂みを明確に目指したと考えられた。したがって、この時点では意識混濁がなく、神経機能の不全はなかったはずだ。さらに、呼吸系および循環系などに加え、ある程度の運動機能も残っていたので、かなりの距離を移動できたのであろう。そして発見された場所で、静かに最期を迎えつつあったところ、農場関係者に目撃されたカラス類か、その他の少々気が早い様々な「死肉食動物」たちのしわざにより、その死期を早めたのかもしれない。

図 5-3　ラジエーターのコンデンサー上に軽微な凹部と動物体毛

体毛鑑定

道内のシカの交通事故は急増しているので、死体の鑑定依頼も増えてきた。中には、その死体を使って「疑わしき」行為に流用したと思しき事例も経験した。それは、二〇XX年初夏、WAMCに持ち込まれた数本の体毛から始まるが、まず、その経緯を話す。その約二カ月前、道東地方の国道上で、運転者と同乗者（妻）、計二名が乗った乗用車が時速約八〇キロメートルで走行中、横臥中の動物に乗り上げた。その直後、当該車両はパンクした。この事故後、二人は頸部と腰部に痛みが生じたため、保険会社に障害保険の申請をした。申請を受けた保険会社は、当該車両の損傷状態を点検し、ラジエーターのコンデンサー上に軽微な凹部と、動物の体毛のみが確認された（図5－3）。しかし、それ以外の場所に車体の損傷はなく、血液・糞尿・組織片などの付着も認められなかった。

当然ながら、保険金支払いというお金の問題なので、厳密な審査が必要となる。まず、その夫婦が乗り上げた動物とは何だったのかを明らかにしなければならない。そこで、民間検査機関に車両に付着した体毛の種同定を依頼した。その会社は、完全になめていた。「顕微鏡で覗けば何とかなるっしょ!」と考えたようだが、無理無理無理。

そこで、こういった件を扱うところはないかと、グーグル検索エンジンあたりで探したはずだ。「とりあえず、〝野生動物〟と〝体毛鑑定〟とでヒットするところは……」と打ち込んだ途端、最初のほうにWAMCの論文がヒットしたのだろう(「あれ? 同じようなことを読んだ気がする」とお思いの皆さんは、正しい)。実際、二〇二一年四月二七日に、両ワードで検索してみると、垣内京香氏と私の共著の論文「道内の博物館に展示された毛皮の鑑定報告書」が四番目にヒットした。おそらく、その時もこれに近い序列が示されたのだろう。このほか、「強盗殺人事件現場にあった体毛鑑定」も出てきたから、何となく、「業界」内でWAMCのことは広まっていたのかもしれない。とにかく、その民間検査会社から私の所に電話が来た。

本来、個人や民間会社の依頼は受けないが、体毛鑑定依頼は少なくないので、ゼミ生には習熟してもらわないと困る。また、文部科学省予算で設立された研究施設なので、検査料は受け取れないが、解析で使用される消耗品・キットの類を、少々「余分」に現品支給してくれるという。さらに、そのこういった検査会社には、今後本学学生が就職面でお世話になる場合もあろう。以上を勘案し、引き

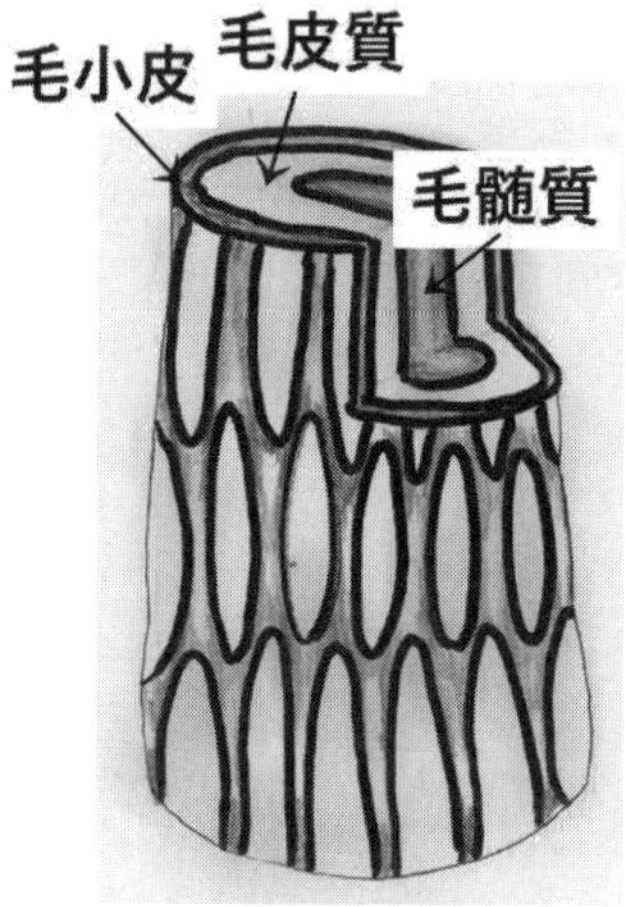

受けさせていただいた。
さて、シャンプーなどの宣伝効果で、髪の毛と言えばキューティクルという語が想起されるほど、大半の皆さんに刷り込まれているキューティクルは、体毛一本一本の表面を覆う毛小皮が示す鱗状の「紋理」の俗称である（図5－4）。紋理の形が哺乳類の種によって異なることは、依頼主であった検査会社も、何となくご存じであったようだ。お話をうかがうと、細い体毛なんて、スライドグラスの上に載せて、そのまま顕微鏡で観察すれば、楽勝！とお考えであった。しかし、予想が外れたので、今度は落射式の実体顕微鏡でいけるだろうと思い、試みた。WAMCにいらした際、これら「苦戦」した形跡がわかる多くの写真を見せていただいた。挑戦するのは大切なことだが、すでに、確立されている手法がある場合、無理せず、それに乗っかってみよう。

図5-4　体毛の微細構造を示す模式図。邑井ら（2011）などを参考に描く

私たちは、邑井良守らのマニュアル『動物遺物学の世界にようこそ―獣毛・羽根・鳥骨編』で解説されている、スンプ法と透過法で調べている。まず、スンプ法とは、透明なセルロイド板を有機溶媒で溶かした状態のところに紋理を写し取り、その写し取った型を観察するものである。もう一つの方法、透過法では、髄質を観察する。体毛の構造は図5－4のようになっていて、毛小皮の下層には皮

質があり、中央には髄質がある。グリセリンなどを用い体毛を半透明に処理し、皮質を透過させ、髄質を観察できると、髄質の直径の値が求められる。体毛の直径（要するに、毛の太さ）に対する髄質の直径の割合（髄質比）にはある程度、種によって特定な数値があるので、その数値で種の特定ができる。これを透過法という。すなわち、体毛はスンプ法・透過法、双方を組み合わせて鑑定するのだ。そして、今回の結果はニホンジカの体毛と一致した（図5－5）。

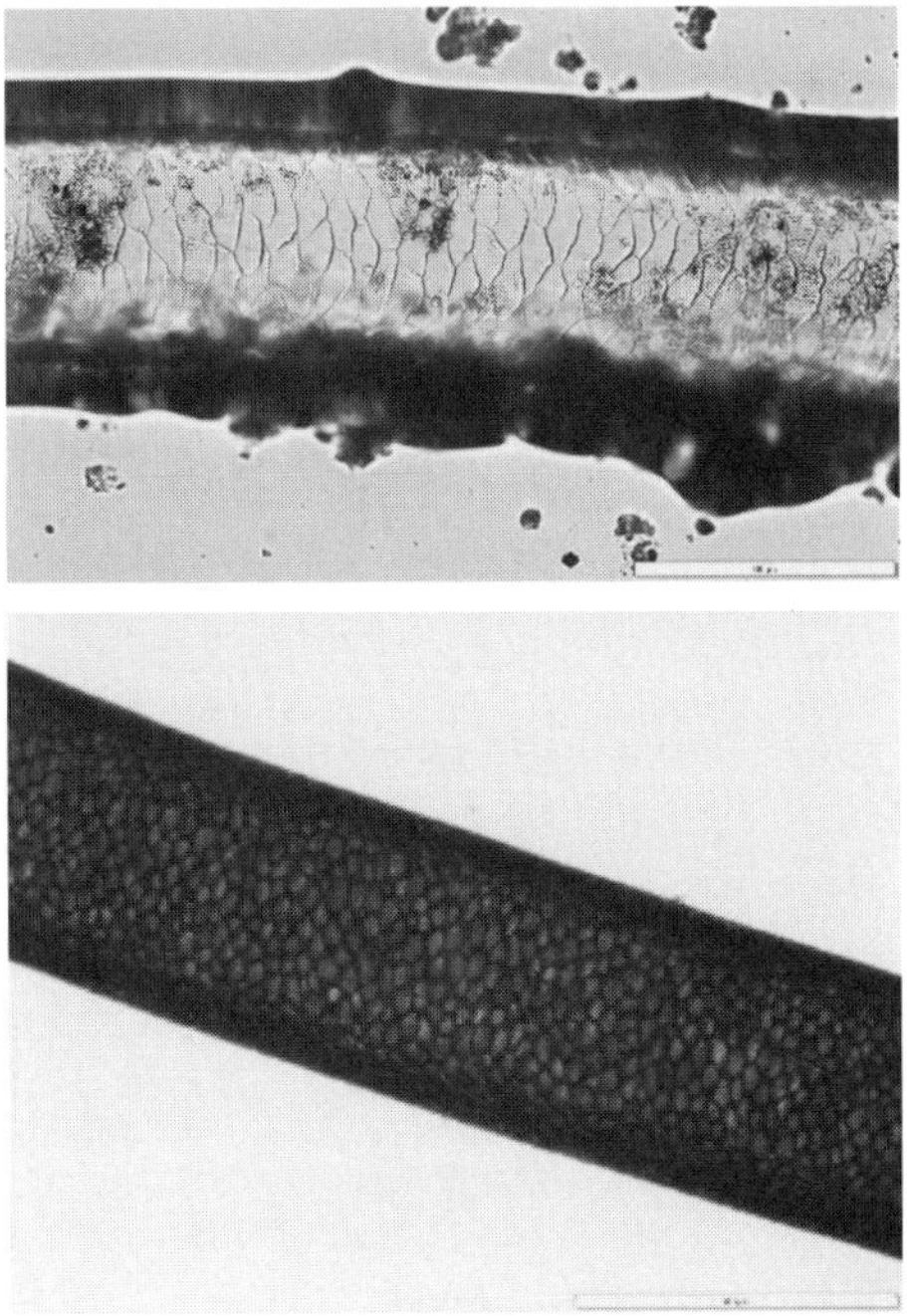

図5-5　スンプ法による体毛観察像（上）と、透過法で観察された体毛の中の髄質（下）。スケールバーは200μm。近本・浅川（2017）より改変

シカ死体は何かとトリッキー

依頼されたのは体毛の種鑑定だけであったので、本来ならば、この結果を報告して終了である。ところが、この時、検査会社の担当者は饒舌であった。

「この保険金申請者、実は、保険業界では要警戒人物として〝注目〟しているんですよおー」

検査にバイアスがかかるので、

こういった裏事情はあまり知らせないし、聞かないのが定石である。が、懸案の体毛鑑定が終わって安堵したのか、彼は、随分、脇が甘かった。もちろん、個人名は出さなかったので、守秘義務を棄損したわけではない。が、私たちのような動物（の死体）屋に「そういった話をしてもなあ」と、心中、苦笑いだった。

しかし、当初から抱いていた言い知れぬ違和感が少し氷解した。高速走行車両が「横臥状態の動物に乗り上げた」なら、車両前部へのダメージは相当なはずだが、車体の損傷は軽度だという。それに、車両には血液はおろか、糞尿や肉片などが、一切、付着していなかった。運転者が言うように、「死体の上に、乗り上げた」のではなく、「乗り上がった」のが事実としよう。その際、乗用車が乗り上がるのが可能な動物の大きさは幼獣（その春に生まれた子供）であろう。ここからは想像の域を出ないが、二人は道路から少々離れた場所ですでに死んでいた幼獣を路上に置いたのではないか。幼獣なら、二人で移動することは可能だ。そして、路上に置いた。しかし、時速八〇キロメートルでまともに乗り上げたら、幼獣であっても、車・人双方のダメージは半端ない。おそらく、スピードは手加減したであろう。こうして、「横臥状態の動物に乗り上げたという事故」が作り出された。この時の傷害は腰痛と鞭打ち症で、自己申告で診断され、医師の診断書も手に入った。

保険は性善説で発達した制度である。しかし、もし、その制度を、野生動物の死体を利用して利益を得る者が存在するならば、それに対抗する科学的な手段が必須である。たとえば、この時、動物（死体）も併せて検査できれば、どの程度の衝突があったのか、生きている状態で轢いたのか、それとも、

図5-6　胆振地方某町営肉牛放牧地概観（左）と、その中で発見されたシカの死体（右）

死体を轢いたのかなどがある程度、推し量れていたはずだ。この件で、実際に保険金などが支払われたのかどうかは聞いていない。ただ、今後に検討課題を残す事例であったのは間違いない。

検査に適切な材料とは

さきほどのシカの事案のように、「そもそも体毛数本だけでモノゴトを類推すること自体、わかることはたかが知れている！」とお考えの方がいらっしゃるかと思う。それなら舌と胃袋、そして心臓だけならどうだろう。

二〇一八年春、胆振（いぶり）地方の某町営肉牛放牧地内に、放牧を準備していた当該町役場の担当者により、シカ五個体の死体が発見され（図5-6）、色めき立った。当然ながら、口蹄疫や豚熱（ぶたねつ）（CSF、いわゆる豚コレラ）などの感染症が疑われたからだ。死体をこのままにしておくと、他の野生動物により病原体が拡散する危険性があると役場は判断し、迅速な死体処理を最優先にした。

しかし、その町が持つ動物焼却施設では、容積不足のためシカ丸ごとは対処できない。いやいや、丸ごと焼却可能な施設を持っているほうが稀である。そこで、まず現場で解体をして、少しずつ炉に投入することになった。そこで、このような作業に慣れている地元猟友会の方々に解体をお願いした。並行して、後日の死因解析のため、記録と採材も依頼した。私は後に知ることになるが、五個体のうち一個体で「吐血」が記録された。そこで、この吐血した個体についてのみ、舌・第一胃・心臓が摘出され、当該役場の冷凍庫に保存された。

そして、このシカの死体解析を、事案に関連すると考えられる家畜衛生の公的研究機関や獣医大の病理学研究者などに死因解析を依頼したが、すべてから拒否された。読者は、ここでまた軽い既視感（デジャヴ）を感じておられるはずだ。第3章で紹介したスズメ、受け入れ拒否されて「宙に浮いた死体」の再現である。死体発見から約一カ月後、なかば押し売り状態で、WAMCに件の冷凍されたモノ（図5－7）を持参いただいた。だったら、どうしてもっと早く持ってきてくれないのか……。WAMCの入院・サンプリング室の、時には、診察台となる専用解剖台上で解凍されるモノたち。あたかも、演歌の一節のごとく「流れ流れてさすらった旅の果て」に、最期の穏やか時間を過ごしつつ、

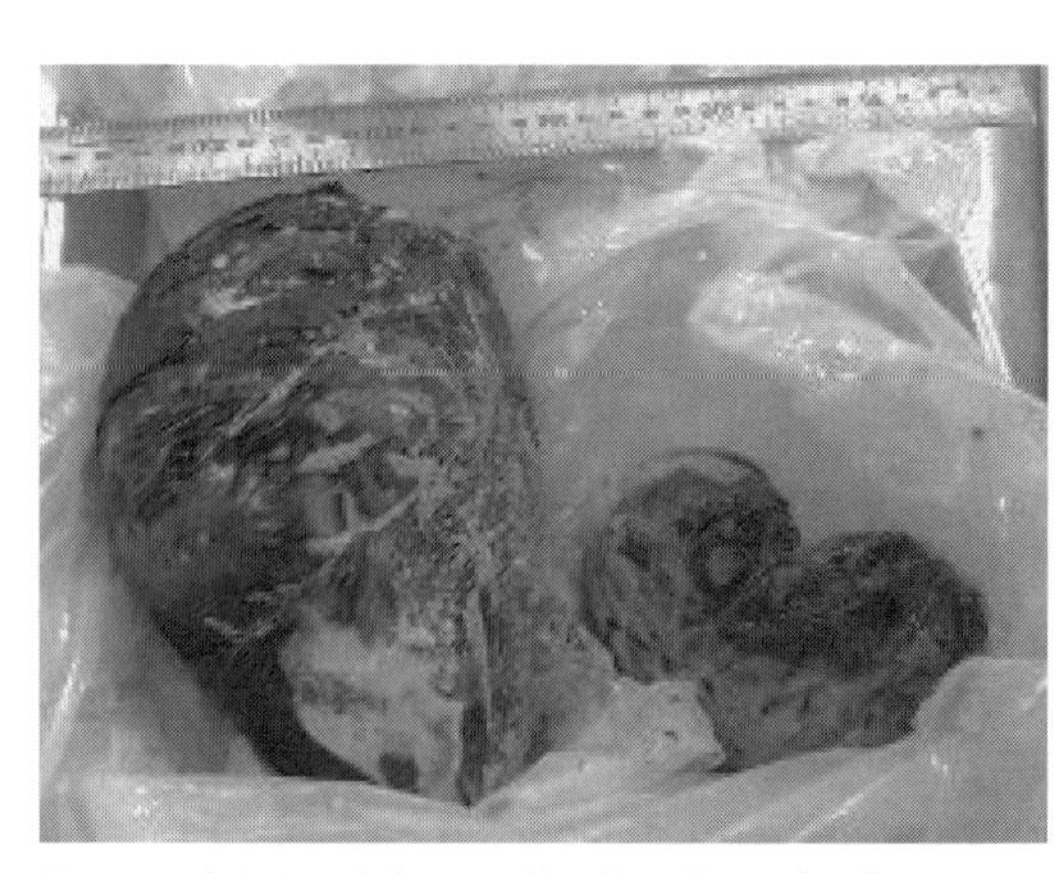

図5-7　左から、冷凍された第一胃、舌および心臓

図 5-8　切開された第一胃（左）と、その食渣（右）

重い口を開き始めたようだ。

舌の周囲と第一胃および心臓の漿膜面は血液に覆われていた。それでは第一胃を切開してみよう。胃粘膜と胃腔の内容物を観察したが、血液は一切認められなかった。胃粘膜には乳頭と呼ばれる突起状のものが正常に発達し、粘膜面全面にも感染症で頻発する微小出血を含む出血や経口的な毒物に認められる粘膜の脱落・潰瘍なども認められなかった。内容物も、死ぬ直前まで摂食していたようで、食草および種など、発酵中の食渣が充満していた。第一胃には双口吸虫類の寄生が認められる場合もあるが、この個体では残念ながら未検出であった。また、胃腔内に出血は認められなかった。食渣をシャーレに採集し、官能検査に供したが、色調、臭気、触感などは正常であった（図5－8）。さらに、心臓も、左右心房・心室とも異常を見出すことはできなかった。

以上から、この個体は食欲旺盛で、第一胃や心臓を標的にする感染症でも、中毒でもなかったことがわかった。だが、それだけだ。あまりにも材料が少なすぎる。でも、もう少し思考しよう。サンプルに纏わり付いていた血液は、口腔や胸腹腔内に血液が貯留していた血液であると考えられた。このサンプルが採られた個体は、現地で解体を行なった地元猟友会の記録によると「吐血」とあったので、口腔内の貯留は間違いないだろう。もし、真の「吐血」ならば食道以下の胃などにも出血部位が認められるが、胃粘膜からの血液はなかったので、出血は食道でのみ起き、それが嚥下されなかったことを想定しないとならない。これには少々、無理があるので、ここは喀血のほうが自然であろう。すなわち、喉頭から気管・肺の気道・呼吸器からの出血が想定されるが、「（材料の）ない袖は振れぬ」、想像するだけだ。

図5-9　シカの死体があった直上の橋梁

ただ、これらのシカが、現場の状況から転落死した可能性があることがわかった。現場の放牧地は、町を流れる某一級河川の河川敷にあり、シカの死体は数メートルの高さの橋梁直下にあった（図5-9）。さらに、これら死体が発見された直前、付近の高速道路インターチェンジ内にシカ数個体が侵入したという情報が、高速道路管理団体から連絡されたという情報も得た。そうなると、シカは通行車両に不意に遭遇し、橋梁上でパニックとなり、墜落死した可能性が高い。その転落の衝撃は、胸腔・腹腔内の出血を起こし、心臓と第一胃を血塗れにし、また肺出血が起き、喀血となったのだろう。なおたとえば、密猟者が密猟シカを運ぶ途中、慌てて投げ捨てたというケースが想定されなくもないが、解体した狩猟者が銃創などを見逃すはずはないから、その可能性は低いであろう。

ところで、本事例でわかったことは、適切なサンプリングがいかに重要であるか、ということだ。では今回、何をサンプリングすれば正解であったのか。口腔内血液の由来が謎となってしまった「教訓」から、気管支や肺などの呼吸器系のサンプルが欲しかったことは間違いないだろう。また、消化器系も舌・第一胃だけではなく、唾液腺・食道（今回、このあたりの出血も完全否定できなかった）や第二胃から第四胃、小腸や大腸、それに肝臓。循環器系も心臓だけではなく、脾臓・骨髄、さらにリンパ節は感染症の場合、必須だ。排泄系の腎臓は中毒で必須（尿管や膀胱も捨てがたい）。内分泌系の下垂体・膵臓・副腎などや神経系では大脳から脊髄も。まあ、今回の件では、生殖器系はあまり関係はないかもしれないが……。しかも、冷凍してしまうと、病理組織学的検討ができなくなってしまう。もし、今回のように大型動物の死因解明にあたり、今後も猟友会の方に依頼を続けるのなら、最低限のサンプリング法を学んでいただくほうが無難だ。

以上、シカの事例を二つ続けて紹介した。しかも、両方とも道路に関係していた。近年、交通事故の死体（ロードキル個体）も増加しているので、感染症の疫学調査材料などとして、その有効利用を考えていらっしゃる方もおられよう。しかし、道路ごとに管轄組織は異なるので、小池伸介らが記した『大型陸上哺乳類の調査法』の概説を参考に立案したい。

シカの剖検では感染症に注意

ところで、シカの死体を取り扱うにあたっては、重大な懸念がある。今述べた感染症である。さきほどの胆振地方の自治体の方々もこれを心配したのだが、シカが関係する感染症としては、世界的にはプリオン病の慢性消耗病（ＢＳＥのシカ版）、ウイルス性では口蹄疫、牛疫、悪性カタル熱、ブルータング、Ｅ型肝炎、狂犬病、細菌性の炭疽、結核、ヨーネ病、サルモネラ症、ブルセラ病、レプトスピラ症、放線菌症、デルマトフィルス症、エルシニア症（仮性結核）、丹毒、ライム病、Ｑ熱、日本紅斑熱、クラミジア病（オウム病含む）、真菌性のクリプトコックス症などが列挙される。なかには今日の日本では、あまり問題視しなくてもよい病気も含むが、狂犬病に関しては徹底した飼育犬へのワクチン接種と厳格な動物輸入の管理が功を奏しただけのことで、最近のワクチン接種率の低下やロシアなど近隣諸国からの船舶に同乗した犬が放逐されている北海道の状況を鑑みると、今後も安心であるという保証はない。

また、病名なので末尾に「症・病」とは付いているが、必ずしも病的な状態を示さない。むしろ野生動物では、無症状でも原因となる病原体を保有することがほとんどである。そして、こういった無症状個体から剖検者に感染してしまう危険性がある。さらに、剖検者あるいは物（衣服、器具、車輌など）により、ほかの人や家畜に運ばれることもあろう。なので剖検では、感染症に関する知識やその蔓延防止に対応したＷＡＭＣのような施設が不可欠となる。

しかし実際のところ、日本ではどの程度、危ないのか。生シカ肉を食したE型肝炎の事例がある。このウイルスは消化管で増殖することから、この事例も銃創あるいは不適切な解体方法による消化管破損部からの腸管内容物による食肉部への汚染が原因とされる。また、生シカ肉を食べると、肝蛭や肺吸虫などが寄生する場合もあるが、いずれにせよ、食べるという能動的行為によって生じるので、食べなければ予防できる。だが、飛沫体液からの感染は予防するのが困難だ。某動物園の飼育シカ類の出産に立ち会った獣医師や飼育担当者が、血液・体液からオウム病に罹患した事例がある。シカの剖検作業では、血液・体液あるいは糞尿などに可能な限り触れない工夫が不可欠である。

ライム病などの疾病の病原体については、シカ類自体は媒介動物にならなくても、媒介者のマダニ類がシカに大量に寄生している。マダニ類からはライム病菌以外に、野兎(やと)病菌、日本紅斑熱リケッチア、ダニ媒介脳炎ウイルス、SFTSウイルスなどが検出されている。さらに、シラミ類、ハジラミ類、シラミバエ類、ヤマビル類などもシカ類を主な給血源とするので、その爆発的な個体数急増に準じ、寄生数も増加するだろう。

本書は、北海道仕様なので、北海道には生息しないイノシシについては、あまり言及しないが、イノシシの場合、家畜の疾病である豚熱やオーエスキー病(仮性狂犬病)などが問題視される。

キツネとタヌキの死体も感染リスクに要注意

国外のキツネの代表的な感染症としては、狂犬病、犬ジステンパー、炭疽、サルモネラ症、レプトスピラ症、エルシニア症（仮性結核）、丹毒、ライム病、Q熱およびクリプトコックス症などが知られる。しかし多くの場合、キツネにこれら病気が認められたというよりも、それらの病原体が認められたという報告が多い。日本では、たとえば、狂犬病ウイルスは、現時点（二〇二一年一〇月現在）での日本国内における心配は少ないが、他の病原体は多かれ少なかれ存在しており、現実面の警戒面では濃淡がある。

死体処理作業の場面で注意すべきは、レプトスピラ菌の感染である。レプトスピラ菌は野生種のタヌキやアライグマなどばかりに感染しているわけではなく、イヌやブタなどが保菌動物となるほど自然界に遍在しており、致死例を含むヒトでの感染も知られている。レプトスピラは動物の尿から経皮的に感染するので、作業では注意をしたい。最近、アライグマなどの野生動物でも保有が確認された犬ジステンパーウイルスについては、ヒトでは問題視されないが、野生動物が多数生息する場で作業をする猟犬やベアドッグ（クマ類を追い払うために特殊な訓練を受けた犬）などには予防接種を確実に行なう必要がある。

また北海道では、ご存じのようにエキノコックス症が問題視される。多くのキツネ（および、ごく一部のイヌ）はエキノコックス、つまり多包条虫の成虫の宿主であって、キツネ体毛にはその虫卵が

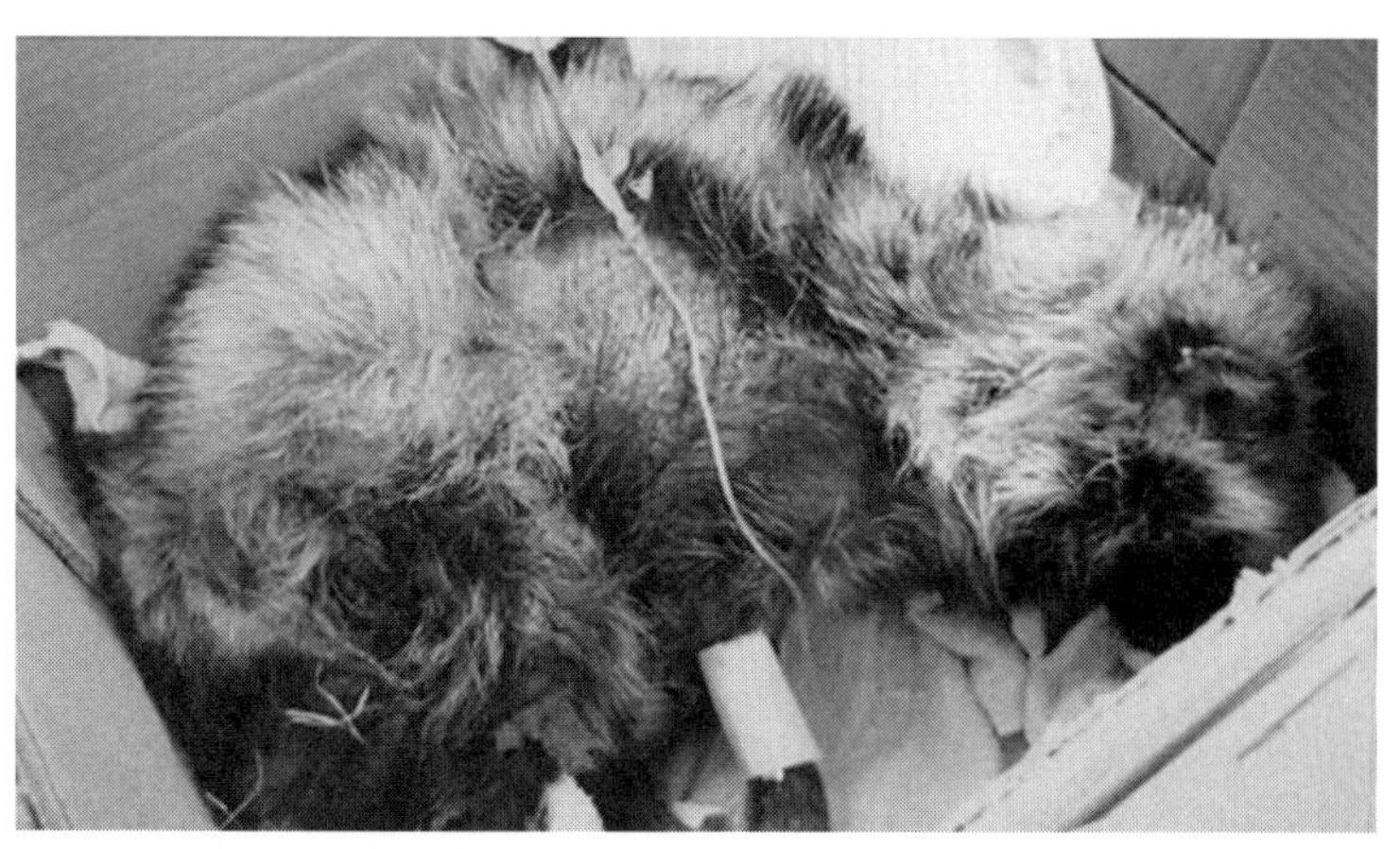

図 5-10　江別市環境課から WAMC に搬入された疥癬に罹患したタヌキ。特に、腹部の脱毛、痂疲の形成病変が著しい。搬入時、この個体は衰弱していたので、WAMC 入院室にて静脈を確保し、輸液をしている様子

付着しているとして対処する必要がある。たとえば、交通事故の死体では使い捨ての手袋を着用し、死体は大型のビニール袋に密閉し、見落とされた体毛の付着があると想定し、さらに別の袋を被せるなどして（可能なら三重）、車両や衣服を汚染させないようにしなければならない。

タヌキの代表的な感染症も、前述のキツネとほぼ重複するが、COVID-19と同じコロナウイルスによるSARS（重症急性呼吸器症候群）ウイルスの保有者であることを忘れてはならない。なお、このSARSウイルス保有者としてハクビシンがよく知られたが、タヌキからも病原ウイルスが見つかったことから、急遽、感染症法上、輸入禁止となった。

やや格落ちとも言えなくないが、日本のタヌキとキツネでは疥癬（かいせん）が問題になる。特に、症状が重篤な場合、外見が悲惨なのにすぐに死なないため、毛がすっかり抜けて禿げた謎の動物が徘徊し、各地で目撃されるの

で、SNS上でも時々話題にもなるし、WAMCにも搬入されることも多い（図5－10）。北海道の厳冬期では、体温を保持する体毛がなくなるために、致死的な低体温症も併発し、完全に凍結した死体も届く。疥癬の原因となるダニ類は、無気門亜目ヒゼンダニ科とキュウセン（ヒゼン）ダニ科に所属する数種である。中でもヒゼンダニ科の種は皮膚内にトンネル様の虫道を作って生活するので、症状はキュウセンダニ科より激しく、とりわけ、センコウヒゼンダニが最も警戒され、世界中の人を含めた家畜・愛玩動物・展示動物・野生動物などに寄生する。

最近、札幌と帯広の刑務所の受刑者で疥癬の集団感染があったと大きく報道されたように、医学領域、特に、高齢者を対象にした医療現場において、ノルウェー疥癬など人での疥癬が大きな問題となっているが、動物のダニが人に真性寄生することはなく、タヌキやキツネのヒゼンダニとは別物である。分類学的にダニ自体の種名は、皆、同じなのだが、宿主域を形成するのは、亜種・株などとして認識される遺伝子の種内変異らしい。

しかし、たとえ動物から感染はしなくても、たとえば、疥癬罹患動物の死体を処理される方が、乱暴に死体を扱い、大量のヒゼンダニを含む乾燥した微細な皮膚片を吸い込み、アレルギー反応を起こす危険性があるので、マスク着用は不可欠である。とりわけ、ダニアレルギーのあるという方は気を付けてほしい。センコウヒゼンダニは、典型的なダニアレルギーの原因となるコナダニ類などと親戚筋に当たり、抗原の性質が類似するのだろう。

感染防止面で心得るべきこと

以上のような、野生動物における、あるいはそれが関わっている感染症の予防では、自然下での病原体保有状況に関する基盤情報が必須である。しかし、疫学調査が不十分なので、詳細は不明である。したがって、法獣医学解析などのため、現場を視察する際、自分は病原体が往来する現場に立ち会っているのだという自覚と緊張感が必要である。大きく分けて、動物から自分への感染、自分が動物間の感染を媒介、自分から野生動物への感染、の三つの危険性がある。

一つ目の動物から自分への感染は、人と動物の共通感染症、すなわち人獣共通感染症（zoonosis）のリスクである。多くの場合、当該一個人で終始するのではなく、他の人や家畜に感染させてしまうため、法獣医学の教科書でも、再三、警告されている。

二つ目の自分が動物間の感染を媒介は、無意識的に動物感染症の病原体（たとえば、口蹄疫ウイルスなど）を、現場から衣服・器具に付着するなど物理的に運び、帰任地の家畜に感染させる場合である。本書の主な舞台、基幹産業が畜産である北海道ではこれが深刻で、特に、臨床獣医師や動物看護師は注意したい。

三つ目の自分から野生動物への感染は、意外かもしれないが、自分が無症状で感染している病原体（たとえば、単純性ヘルペスウイルスや結核菌など）を現場に生息する野生動物に感染させる例である。人の命が最重要なのは自明でも、法獣医学に関わる関わらないを問わず、獣医師・動物看護師は、自分が家畜や自然生態系にウイルスを伝播させるというリスクに手を貸してしまう危険性が高いということを忘れてはならない。

以上のように、感染症は作業の場に限局した現象だけに留まらず、人・動物それぞれが起居あるいは生息する人間社会や自然生態系に病原体を持ち込み、それが大きなアウトブレークにつながる可能性がある。法獣医学的な解析の作業においては、このような感染リスク因子を排除するために、死体処理では専用施設で行ない、また、現場に赴く場合は、事前に野生動物疫学の専門家から意見を求めたい。野生動物の死体はすべからく病原体の巣窟と見なし、以上のようなハードとソフトを備えて慎重に対峙するのが、野生動物の法獣医学者の心得である。

ついには猫もやってきた

野生の肉食獣に比べ、飼育の猫や犬は感染症面では、比較的、安心である。そもそもがＷＡＭＣにやって来ることはなかったたし、第6章で詳しく論ずるが、犬や猫の死因解析というのは主に虐待を立証するための法獣医学領域であり、安易に踏み入れてはいけないと思っている。とりわけ、「犬派？猫派？」と聞かれたとき、後者を選ぶ私は、個人的に猫に関わるすべてを避けたかった。第一、欧米で刊行される法獣医学の教科書に「これでもか！」と掲載される犬・猫の悲惨な姿は、あまたの動物死体を見てきた私も、さすがに生理的に受け付けず、また、ＷＡＭＣの解析対象とする事案とは「根本的に違う！」と実感している。

ところが、強盗事件現場に残されたタオルに付着した動物体毛を鑑定し、それがたまたま猫であったことを判定したあたりから、風向きが変わってきた。この実績（？）が認められ、同じ警察署から、別の依頼も受けた。

二〇一八年九月、空知地方の某市街地繁華街の路上に駐輪し、買い物をしていた女性（年齢不明）の自転車のハンドル直前のカゴ内に、半ばミイラ状化した動物らしい頭一つが確認された。彼女は誰かによる嫌がらせ、迷惑事案と見なし、当該の警察署に通報した。早速、捜査を開始したが、まず、この頭が何かを鑑定しないとならない。当該警察は私のもとにこの頭を持参した。

肉眼により、歯列や概形などから猫であることはすぐに同定できたが（いや、解剖学の単位はギリギリだった私には、実はそうでもなかった……）、このモノが怨恨や悪戯などによる投げ込みといった人為的な要因で自転車カゴに入ったのか、自然現象だったのかは不明なようである。後者としては、カラス類の遊びの結果を疑った。カラス類はモノを嘴で拾って、上空から落として「遊ぶ」ことが知られるからだ。たとえば道内の動物園では、オランウータンやサル類の展示動物でエキノコックス症が散見されるが、いくら大雑把な北海道でも、飼育されたケージにキツネが入り込むことはない。しかし、園内にはキツネがウロウロしているので、おそらく、乾燥したキツネの糞が石と認識され、カラス類の玩具となり、それがたまたま、オランウータンやサル類のケージ内に落とされたことが原因で、エキノコックスに感染したのであろうと推測される。まあ、その程度のお話は当該捜査官にしたのだが、参考になったのだろうか。

それにしても、猫は苦手だな……。たとえば、関東圏では「狭義」の法獣医学分野を標榜する講座を有す日本獣医生命科学大学（東京都武蔵野市）があるので（第6章）、猫にまつわる事案はそこに依頼をかけることができる。だが、北海道ではこの分野の看板を掲げる獣医大がない。しばらく受け入れるしかないのか。

法獣医骨学の恐怖

泣き言はさておき、J・バード博士が書いた欧米の法獣医学のテキストでも、骨の鑑定は必須であるとして、「Forensic Veterinary Osteology」すなわち「法獣医骨学」として、一つの章が設けられている。一瞥するだけでも、お互いが似ている爬虫類・鳥類・哺乳類由来の骨断面像の差異、哺乳類に限っても多種多様な骨形態の理解、性や齢、栄養状態、飼育種なら品種での特徴が扱われていた。加えて、見つかったその骨が、体のどの部分にあたるのかも即断できないとならない。ちなみに人を含む哺乳類一個体は二〇〇個以上の骨で構成されている。

気の遠くなるような科学である。そもそも解剖学は獣医学課程の初年次に設定され、膨大な量の知識が叩き込まれるが、同時に、生半可な気持ちで獣医学は学べないぞ！　という「しつけ」の場でもあった気がする。なので、私を含む多くの獣医学徒にとって、この科目にあまり良い思い出はないはずだ（あくまでも個人的な感想）。しかし、解剖学の課程で扱う骨格は牛・馬・犬・鶏のみであった。が、もちろん、法獣医学の現場にその四種だけの骨片が、都合よく転がっていてくれるわけがない。多様な脊椎動物相を抱える地域の法獣医学専門家に求められるのは、ディープな骨オタク並みの慧眼であり、それを具有しないと務まらない。そういった知識がないのなら、恐ろしいセンパイのもと、厳しい修業が待っている。ご愁傷様。

可哀そうでも洗わないで！

さて、何度か犬・猫も死因解析をするうちに、道外からも相談されるようになった。ＷＡＭＣの主戦場は北海道なので、疑念を抱かれたかもしれない。この事例を依頼してきたのは、確かに道外の地元警察からであったが、その警察は、当初、地元で活躍する野生動物研究民間団体に相談した。その団体とは、ＷＡＭＣにハクビシンやアライグマなど外来種のサンプルをお送りいただき、共同研究させていただく旧知の関係であったので、ＷＡＭＣに相談するように地元警察に助言したようだ。

二〇一六年の、かつて「体育の日」とされた日の朝、京都府の某小学校校庭の築山から、これ見よがしに、動物の脚が飛び出ていた。第一発見者は、当日その小学校の校庭で開催された地元幼稚園運動会に参加していた幼児であった。トラウマになっていなければ良いのだが、いずれにせよ、一時、大騒ぎになった。だが、運動会はそのまま挙行されたようで、運動会終了後、会場を貸した小学校か

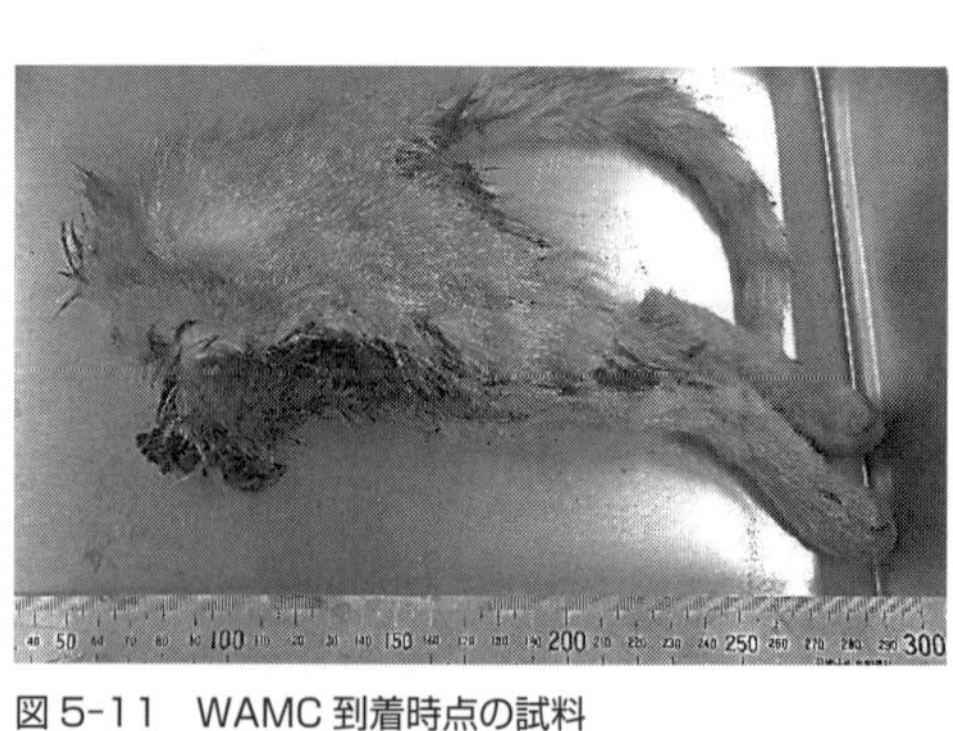

図5-11　WAMC 到着時点の試料

ら現地警察に連絡され、そのモノは回収された。なお、この運動会はこの前日に実施予定であったが、雨天のためその当日に順延された。同校教頭の証言では、前日夕刻の校庭巡回時にはこの「モノ」は未確認であったという。

回収した警察署から、切断原因が人為的なものか、もしくは動物によるものかなどを検査する鑑定依頼がＷＡＭＣになされた。死体はビニール袋に密閉され、約四℃にて冷蔵状態（いわゆるクール便）で送付された。到着したモノは、図5－11のような尾が付いた後躯であった。

外貌形態から猫、生殖器から雌で、腰椎の部分で切断された体の後部であることがわかり、両後肢および尾のほか生殖器の一部と骨盤骨が含まれていた。しかし、胸部から前は欠如していた。脚の部位は築山から露出していたようなので、腰部と大腿部が土中に埋まっていたことが想定される。しかし、送付されたこの材料に土砂は付着していなかった。おそらく回収後、洗浄されたものと考えられたが、材料到着時、ビニール袋内および体毛は乾いていた。

特徴的な肉眼所見として、概して皮膚および脊椎骨間の離断面は直線的であり、動物による摂食などで生ずる不定形なものではなかった。また、腰背側の体幹筋が直上の皮膚から尾部まで剥皮されていたこと、腹腔内の諸臓器・消化管は子宮および膀胱を除き欠如していたこと、膀胱内に尿貯留が認められなかったこと、子宮に胎盤痕は認められなかったこと、筋肉および子宮・膀胱は新鮮な状態であり、腐敗・変性傾向が示されなかったことなどが認められた。このような死体で一般に認められるとされるハエ類幼虫や血液・消化管内容物などの付着も認められなかった。

依頼項目の切断が人為的か非人為的については、皮膚・脊椎骨間離断面（創縁あるいは面）の形状が直線状で整っていたことから、人為であり、特に、用いた器具は鋏やナイフなどの鋭利な刃物であったと考えられる。しかし、この切断がいつ、個体がどのような状態のときに行なわれたのか、生きている状態で切断されたのか、それとも死体の状態で切断されたのか、もし、仮に死体だった場合、切断は冷凍保存の前に行なわれたのか後に行なわれたのか、さらに、死因は何だったのかなどは不明であった。

ところで、人の法医学の領域では死体を餌資源にする双翅目などの幼虫（要するに、ウジ虫）の種構成により死後の時間推定を行なう法医昆虫学が知られる。この分野は人の法医学で確固たる地位にあるが、法獣医学でも、十分、応用可能である。ただし、この事例は、解剖にあたる我々のことを関係者が気の毒に思ったのか、あるいはこの動物が汚れたままでは可哀そうと感じたのか、死体が洗浄されていた。死体からは、微かに洗剤の芳香剤のような香りもしたし、砂もほとんど付いていなかった。おそらく、幼虫も流されてしまったであろう。その後も、タオルなどで水分も血液もきれいに拭き取ったのであろう。優しい気持ちは尊いし、そういった人たちが住む日本は素晴らしい。しかし、こうした行為は貴重な状況証拠を消してしまい、死因解析を困難にしてしまうので厳禁である。法獣医学分野が確立され、その後、適切な死体の取り扱い方が啓発されるまで、待つしかあるまい。そうすれば、自ずと、動物死体を適切に保存することも一般に浸透することになる。

なお、本書の性格上、この事例も、法獣医学の側面から淡々と論じてきたが、今回、死体の発見場所が小学校内で、多数の幼稚園児の目にも触れられることを期して、このような形で遺棄した点は、犯罪心理学的な異常性を反映するものと想像された。このような動物への残虐な行為は、人に対して同様な行為に到る前段階の状態と解される。一方で、動物を殺傷することが代理満足あるいは代償満足となって、人への危害を抑止するという見方もあろう。その適否はさておき、前者の場合にも備え、現地の園児・児童の安全を守るための方策を望みたい。

過去からの叫び

伴侶動物絡みでは、もう一つ、過去の虐待事例を間接に証明する事例も経験した。芦別（あしべつ）・星の降る里百年記念館には第二次世界大戦中、中国戦線（満州関東軍）の旧日本陸軍で使用された一九四二年の製防寒外套と防寒靴が展示されていた（図5－12）。戦時中の愛玩動物の供出状況についての調査の一環として、この防寒外套と防寒靴の毛皮部分の鑑定依頼があった。防寒外套については、左腋内側に用いられている毛皮から、また、防寒靴では、その内側に添付される毛皮の上部側とその直下部、

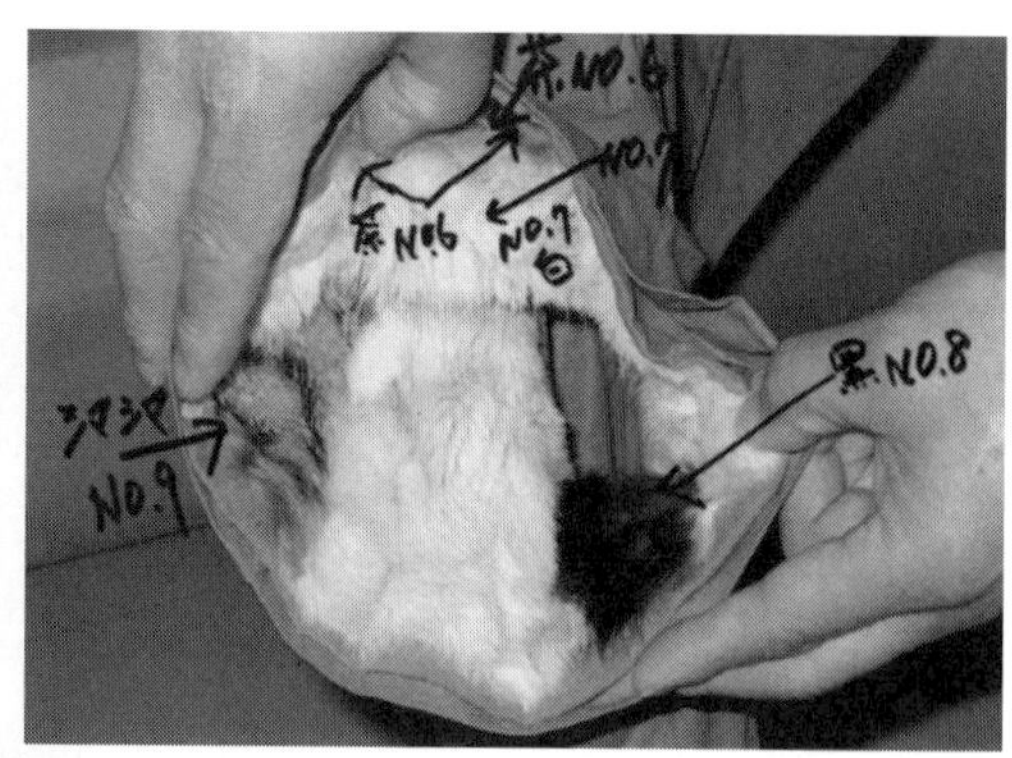

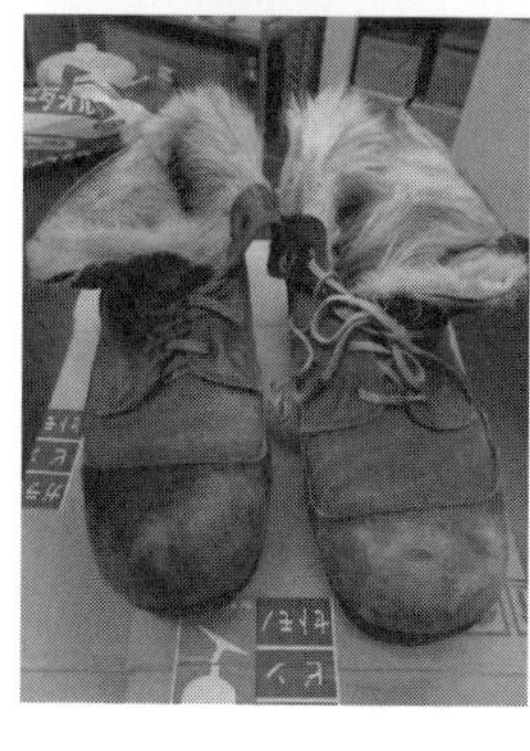

図 5-12　旧日本陸軍、防寒外套（左上）と、その左袖採材部位（右上）および防寒靴（下）

靴内側の最深部から採材した。解析方法は、前述したスンプ法と透過法を用いた。

外套の四カ所の毛皮獣毛の毛小皮は、いずれもダイヤ型に近い模様が見られ、猫と考えられた（図5－13）。一方、髄質比は約六〇％で、犬と猫の中間的な値を示した。防寒靴は当時の旧日本陸軍が定めた軍装品製造に関わる命令文書では、中国戦線で用いられる防寒靴には山羊あるいは羊の毛皮を使用することが規定されていた。今回の検討でも、まず、これら両種の獣毛が使用されたという前提で作業を進めた。実際、材料の手触りは概して硬く、ヤギ獣毛の感触と類似していた。しかし、摩擦に

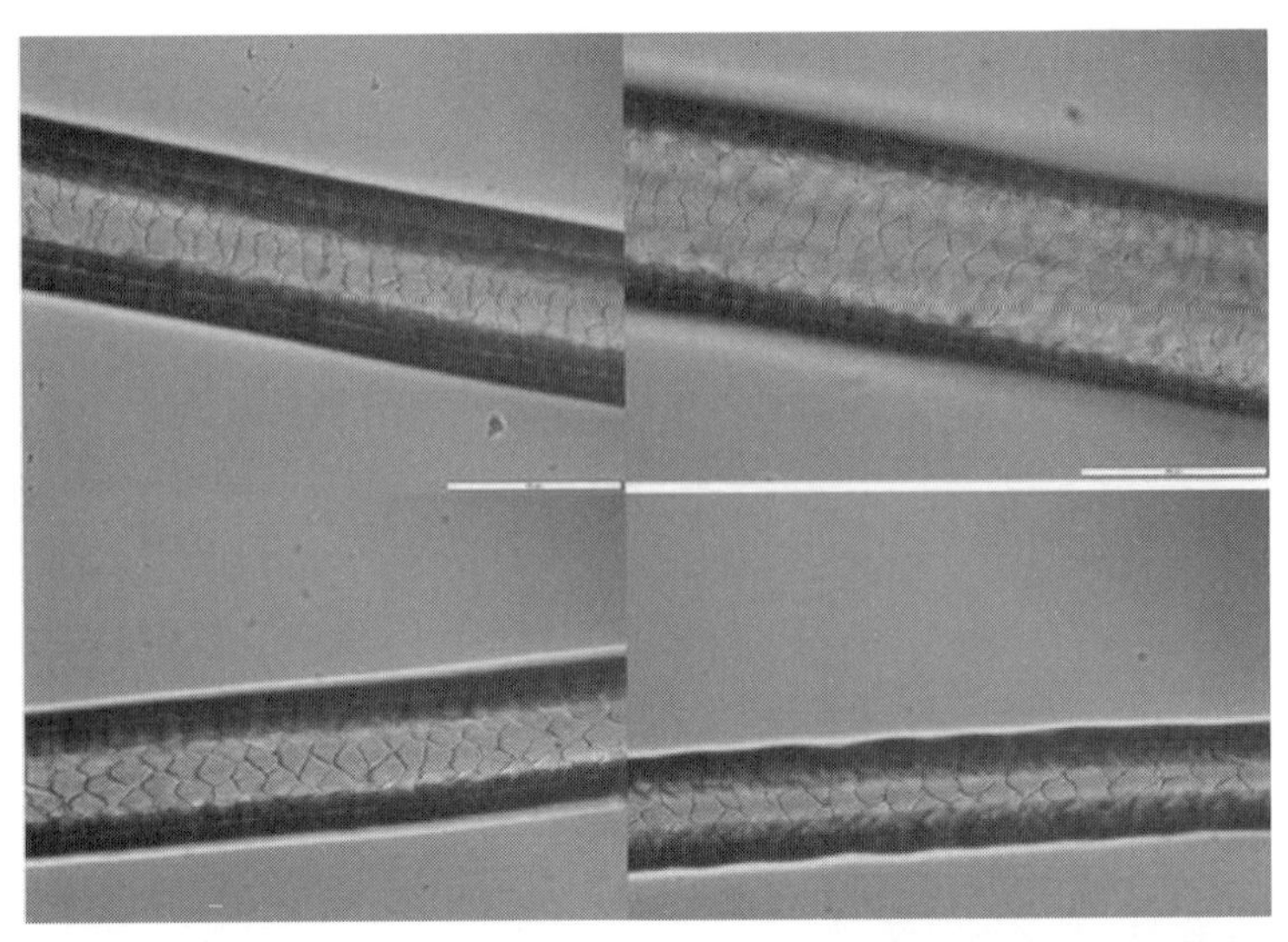

図 5-13　旧日本陸軍防寒外套に使用された獣毛のスンプ法による観察。1 本の獣毛のうち、太さが異なる 4 箇所を撮影した。スケールバーは 100 μm

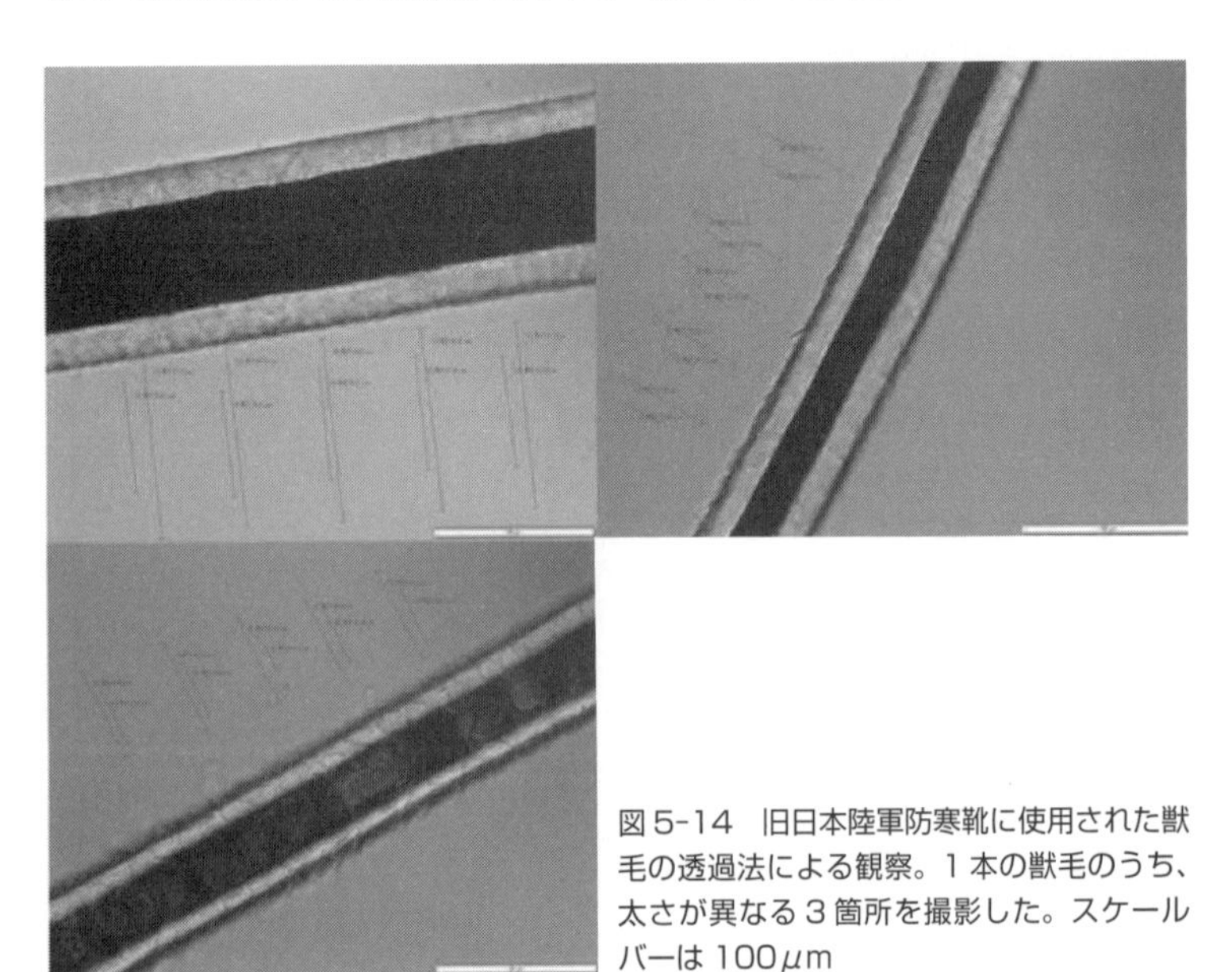

図 5-14　旧日本陸軍防寒靴に使用された獣毛の透過法による観察。1 本の獣毛のうち、太さが異なる 3 箇所を撮影した。スケールバーは 100 μm

よってか毛小皮の観察は難しかった。そこで、髄質比を算出した。防寒外套に比べこれら髄質は、概して皮質との明瞭な境界が不明瞭であったので、測定には苦労した。髄質比は四二％から六一％であり（図5－14）、山羊の上毛である約八〇％に対してやや低値で、犬に近いが、結局、種の判別は保留された。

第二次世界大戦下の日本では、多くの家庭で飼育されていた犬・猫などの愛玩動物が、軍需用の毛皮材料として強制的に供出されていたことが知られる。軍需品として飼育された兎毛皮不足時の代用品ということであった。実際、今回の材料でも、こういった愛玩動物由来の材料を使用していた可能性が指摘された。私たちにとって、現在に至る動物愛護の視点成立の歴史的な側面を再考する貴重な出来事ともなった、忘れがたい依頼であった。

猫と言えば鼠

そろそろ本書主題の野生動物について話題を戻したいが、さて、何がいいだろう。連想ゲーム的には、さきほどまで猫が続いたので次は鼠か。うってつけの事例がある。

二〇一三年五月、札幌市内食品某卸会社から、商品運搬用の箱に紛れ込んだ小動物の鑑定依頼を受けた。このような事例では家鼠（住家性鼠）のハツカネズミ、ドブネズミあるいはクマネズミのどれかだろうと予想し、気軽に受けた。最近になり、第四の家鼠としてナンヨウネズミ（ポリネシアネズミ）が加わった。が、もし、これであったとしても、その外見はドブネズミあるいはクマネズミ的なので、ハツカネズミとは異なるものとして区別できる。

ところが、箱の中にいたのは、胴の長さに比べ尾が短い野鼠であった。分類学的にハタネズミ亜科というグループで、さきほどの尾が長いネズミ亜科とは、分類（系統）的に大きく異なる。本州以南にもこの亜科の種はいるが、この個体は北海道で最もはびこるエゾヤチネズミであった。北海道には、このほか近縁な仲間に二種が知られ、それなりに興味深い話をしたいが、我慢しよう。

さて、「はびこる」などといかにもマイナスな表現をしたように、エゾヤチネズミは本道の森林資源への著しい食害を与え、エキノコックス症の病原寄生虫の中間宿主でもある。また、人獣共通感染症の原因となるウイルスや細菌なども保有する個体も知られるので、野鼠としては例外的に衛生動物として注目されている。

そう、エゾヤチネズミは野鼠なので、生息環境は田畑、二次林、草原などで、人工的な建物内を恒常的な生活圏としていない。もちろん、衛生管理の行き届いた店舗や関連施設を含む食品流通過程では、この鼠が自身で入り込むのはほぼ不可能なのである。心の中で、気軽に引き受けた軽率な自分をしたたかに罵倒した。

運ばれたエゾヤチネズミの死体が見出された箱は、焼酎甲類四本入り用の段ボールで、高さ約八〇センチ、四五センチ四方の底面から約七〇センチのところに二カ所、長径一〇センチの類楕円状の取手孔があった（図5－15）。

図 5-15　エゾヤチネズミ死体が見出された箱の外観（左）と内部の様子（右；ネズミ死体が見える）。倹約重視の家人が、特売日に購入して私に与える焼酎甲類の品名が大書されていた

図 5-16　箱外（左）および内部（右；糞粒が見える）の目視検査

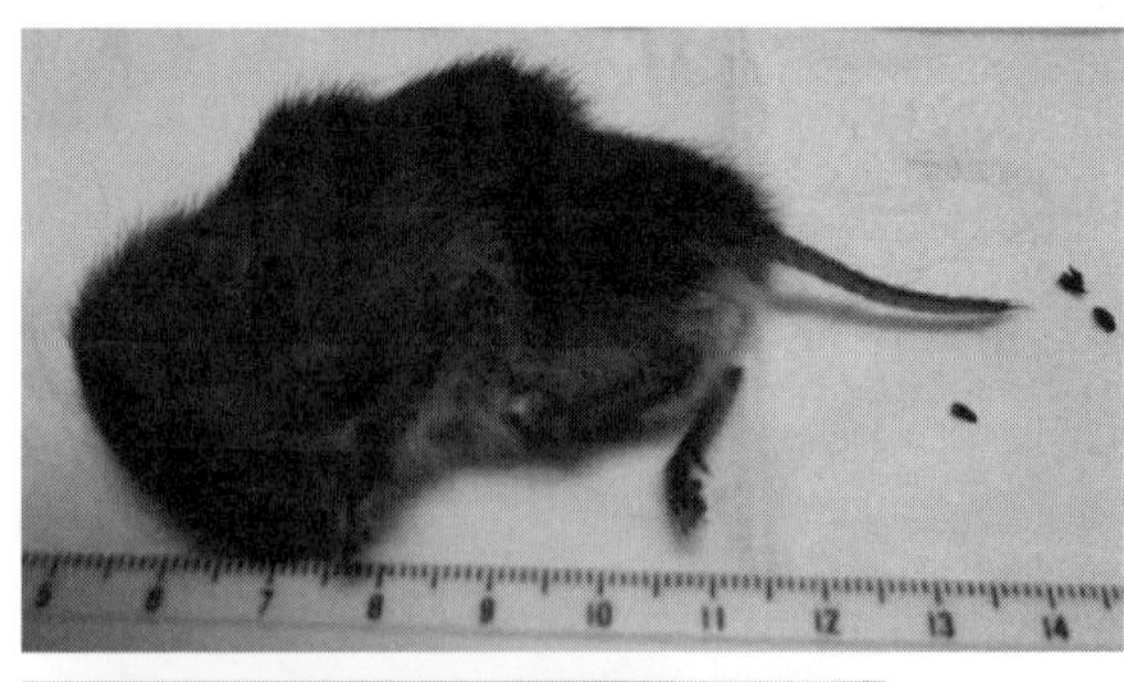

図5-17　エゾヤチネズミ死体と糞粒（上）、および発見時商品状態の再現（下）

ゼミ生とともに、この箱について、動物の侵入孔などの有無を子細に検査したが（図5-16左）、そのような形跡は皆無で、さらに箱表面にはいかなる汚れや傷なども見出されなかった。しかし、底面折り部の内側の隅に、乾燥したそのエゾヤチネズミから排泄されたと思しき糞二〇粒ほどが見つかったが（図5-16右）、尿や血液などの一切の汚れは認められなかった。

　見つかったエゾヤチネズミは一個体で、体長七・五センチ、尾長三・四センチ（図5-17上）、ほぼ乾燥していたので剖検は不可能であったが、少なくとも体表に異常は認められなかった。死体はやや圧偏された状態であったが、この原因は事件発覚時、その箱内には焼酎三本、日本酒パック二箱が入っていたので（図5-17下）、これらにより圧せられた状態で乾燥した可能性を想像した。

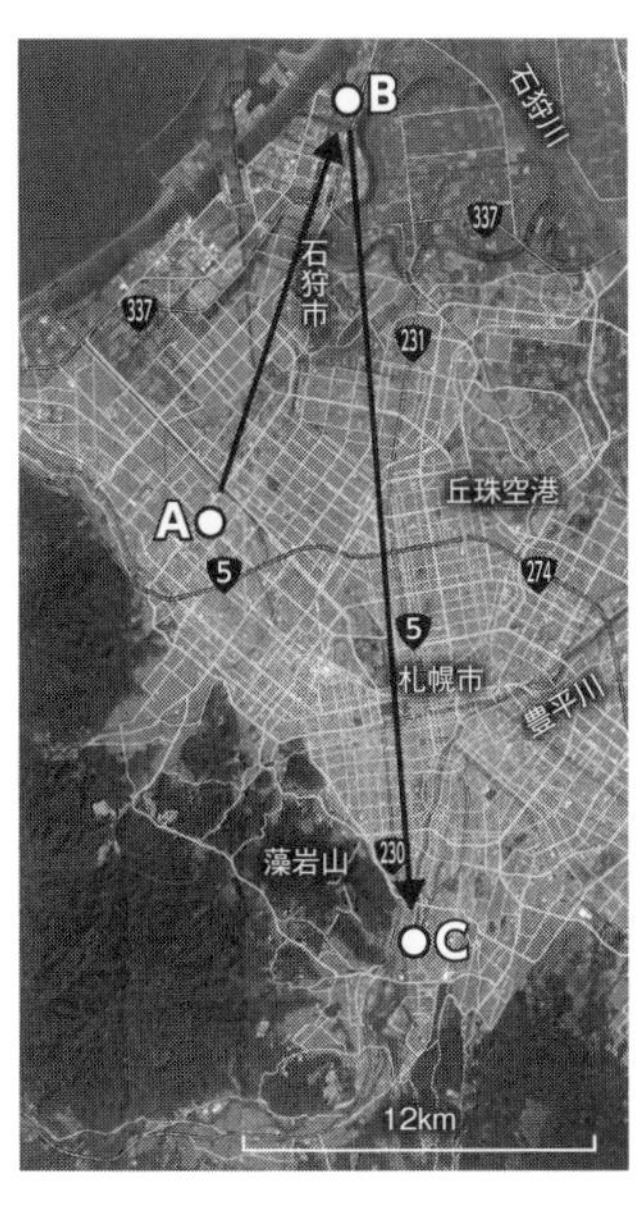

図 5-18　問題となった箱の移動ルート（A：発寒卸店倉庫、B：石狩集荷施設、C：豊平店舗）。google map より改変

家鼠の食品混入事案では、その加工・流通・販売施設の現地視察が必須で、その生息痕跡や目撃情報などの収集を行なうのが基本である。実は、法獣医学においても、現場検証というがイの一番に行なう内容で、J・バード博士の教科書でも、その第一章に現場（scene）調査があり、「FBI捜査原則に従って厳密に行なう、現場には調査者に感染する病原体あるいは吸引する危険なガスが満ちている！」など、物々しく緊張感が伴うモノ言いがされている。ちなみに、この章には他に写真撮影の方法や見取り図の描き方など有益な情報もあるので、参考にしたい。これまで本書では、縷々、事例を語ってきたが、現場を訪れたのは、シアノホス中毒のカラス類の事例を除きほぼなかった。なので、捜査の真似事をしてみよう。

本事例に関わる札幌および石狩市内の三施設内と、その流通経路の現場を回ってみた。この箱は、二〇一三年五月一三日の一三時頃、札幌市豊平区内に所在するチェーン店式量販店（図5－18のC）に納品された。この店舗への納品は、その二日前、その店舗の北方約二八キロメートル離れた石狩市内の集荷施設（図5－18のB）から、専用トラックで搬入された。石狩の施設には、南西約一五キロメートル離れた札幌市西区発寒の卸店倉庫（図5－18のA）から搬入された。移動の直線距離は約四三キロメートル、移動は計二ないし三時間であったと想像される。

スタート地点となる発寒の卸店倉庫Aの周辺には、約四〇〇メートル離れた場所に河川があり、河川敷にはこのネズミの好適生息地と目される草地があった。野原に新設されたばかりのような港湾や空港施設内にハタネズミ（本州・九州に分布するハタネズミ亜科の野鼠）やアカネズミ（北海道含む全国に分布するが、尾の長いネズミ亜科の野鼠）の侵入が知られるが、そういった場合でも、これらネズミの大発生による偶発的な現象とされる。

野鼠では数年に一度、個体数を急増させる大発生が知られる。その原因については、餌植物資源の豊凶が関わるとされるが、詳細はよくわかっていない。しかし結果として、そういう年は増えた野鼠による森林資源の食害が相当なものになる。したがって、林野庁や地方自治体の林業試験場などは「野鼠生息予察調査」を実施し、予防対策をしている。では、この事例のあったこの年はどうであったのか。発生直近時期（二〇一二年一〇月および二〇一三年六月）における（地独）北海道立総合研究機構・林業試験場が実施した予察調査で、石狩地方における結果を参考にしたが、エゾヤチネズミの大発生を示唆する様相は示されていなかった。

図5-19　発寒の施設周辺の景観（左）と内部搬入出口（右）

さらに、この施設は舗装道路が縦横に認められた場所の直中にあり（図5－19左）、入り口にも垂直コンクリート壁も設置されていたので（図5－19右）、入り込みは困難であろう。そもそも、このような流通施設で、エゾヤチネズミのような跳躍能力が低い野鼠が入り込めてしまうような設計では、素人目でも建築基準をクリアしないことはわかる。一方、家鼠にはクマネズミのように垂直の壁を登ってしまうようなスプリンターがいるように、ネズミ亜科全般動きが俊敏だ。「どんくさい」エゾヤチネズミが包含されるハタネズミ亜科は、半地下的な環境に生息していて、三次元的な環境は苦手。まして自分の何十倍もある高さの垂直のすべすべ壁を乗り越えるのはほぼ不可能だ。

次いで、豊平量販店C周辺。舗装された道路で縦横に囲まれた住宅地のまっただ中にあり（図5－20上）、生息環境は皆無であった。残りは石狩市内の集荷施設B。ここから延びる約四キロメートル道路の両脇には、エゾヤチネズミの好適生息場所となる灌木林、ササ草地、防風林などが認められた（図5－20下）。しかし施設の形態は、倉庫A同様の構造をより強固にしたものであり、侵入を許すことは

図 5-20　豊平の店舗周辺（上）と石狩の倉庫周辺状況の景観（下）

できないと考えられる。

よって消去法的に、入り込みは石狩集荷施設Bからの路上であったとの選択肢が残った。しかし、大発生の時期でもなく、外界からほぼ遮蔽された車輌へ入り込むことは難しいだろう。

たとえば、第3章で述べた殺鼠剤摂取によって、あるいは猫が捕まえてきて弱ったエゾヤチネズミを誰かが忍ばせる迷惑行為も考えられなくはないが、性善説に従い、ここでは想定せず依頼主にはお返した……。

おっと、冒頭、猫から離れると言ったのに、戻りそうだ。

家鼠と溺死

ところで、家鼠は哺乳類ではあるが、法律の対象となる愛護動物ではないし、狩猟獣でもない。あたかも、ゴキブリやハエなどと同じ扱いで即駆除の対象となり、医動物学的なカテゴリーでは衛生動物である。しかし、家鼠の場合、こういった昆虫類とは異なり、そのサイズもあるが、叩きつぶすのは躊躇されるし、それ以前に、普通の方には捕獲すら難しい。一般に、家鼠を捕獲する場合、カゴ式や粘着シート式の罠を仕掛ける。少し前にも触れた殺鼠剤を用いれば心配ご無用だが、このような罠では生きて捕まるので、皆さんご自身で殺さないとならない。たとえば、かつてカゴ式では、罠ごと水没、溺死させるような手段がとられた。これは愛護精神が発達した欧米でも同様で、野生哺乳類の溺死事案はこのような事案が大半であるという。

幸い、私たちはこのような事案を扱ったことはないが、少し「予習」しておこう。まず、剖検所見が得られそうな状態が良好な検体ならば、肺水腫や気管支の泡沫状物などを見極めたうえで、溺死と結論することが必要である。すなわち、死体が濡れていても、あるいは水の中で見つかっても、別要因で死んだ後、濡れたり放り込まれたりした可能性を除外しなければならないからだ。次いで、骨だけになった死体では、人の法医学では、骨髄に入り込んだ珪藻類で、いつ、どこで死んだのかを推定することが紹介される。しかし、さしものJ・バード博士らの教科書でも、珪藻類については言及していなかったが、この方法が鳥類までにも応用されれば、染料・油で塗れ、あるいは漁具で混獲され、遺棄された海鳥類の死体解析においても、光明が差すだろう。それまでＷＡＭＣの証拠標本は、しっかり保存しよう。

ところで、この節の糸口となった話に戻るが、少なくとも、獣医大のような教育機関において、溺死のような殺処分法は、たとえ家鼠であっても、教育上、許容はされないだろう。麻酔薬などを用い適切な方法で安楽死（安楽殺）していることは明記する。たとえば、日本哺乳類学会では、安楽死法のほか捕獲法に関しても優れた概説「哺乳類標本の取り扱いに関するガイドライン」が、随時、更新されつつ、ウェブ公開されている。また、このガイドラインをわかりやすく解説し、かつ他の知見も盛り込んで小池ほかが記した『大型陸上哺乳類の調査法』といった優れた概説もある。ぜひ、ご覧いただきたい。

トガリネズミも体育館で遊ぶ？

食傷気味かもしれないが、鼠がまだ続く。ただし、それは、真の鼠ではない。二〇一四年一二月、道央地方某市（かつては炭鉱で栄えた自治体）に所在する宿泊施設内で、エゾトガリネズミというマウスのように小さな動物の死体が見つかった。この動物は、食虫類というモグラに近い仲間である。ただし、誤解してはいけないので補足するが、北海道には内地に生息するようなモグラ科のようなしっかりした坑道を作る種は分布しない。

この施設は、長年、高等学校として使用された校舎を改装したもので、死体はその体育館内で管理者により発見された。偶然、その施設を利用していた本学学生（歩くスキーでもしたのだろうか）から、私のもとに届けられた。体表の一部に漏出した体液の付着が認められたが、顕著な外傷などはなかった（図5－21上）。剖検により、気管と気管支から呼吸器系に寄生する線虫類が検出された以外、諸臓器・消化管がやや腐敗傾向を呈すものの著変は未確認であった。また、骨折などはなかった。歯列咬頭面にはトガリネズミ属特有の茶染が確認された（図5－21下）。このことから、外見がそっくりで、北海道では国内外来種とされるジネズミではなかったことが確認され、エゾトガリネズミと同定された。さらに、呼吸器から見つかった寄生虫が、ナメクジ類などのような無脊椎動物を中間宿主にする線虫類であったので、自然の餌を捕食していたことも証明された。そう、寄生虫はただの病原体ではなく、宿主の食性などを示す標識でもある。凄いでしょう！

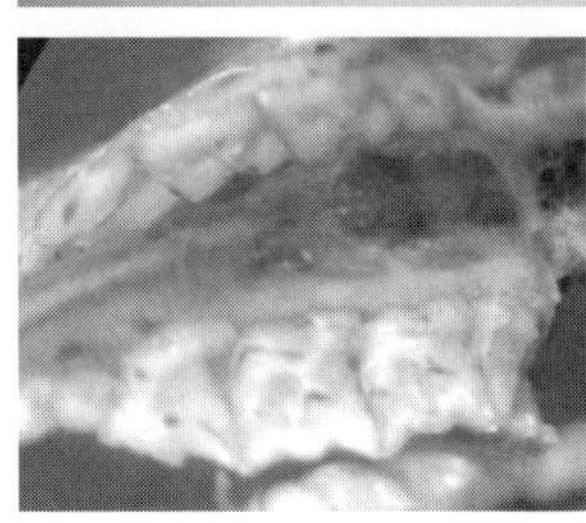

図5-21　某宿泊施設内で得られたエゾトガリネズミ死体（上）と、その頭骨上顎部（下）

　持ち込まれた動物の分類と分類と餌資源の一部はわかったが、屋内に入り込んだ原因は不明

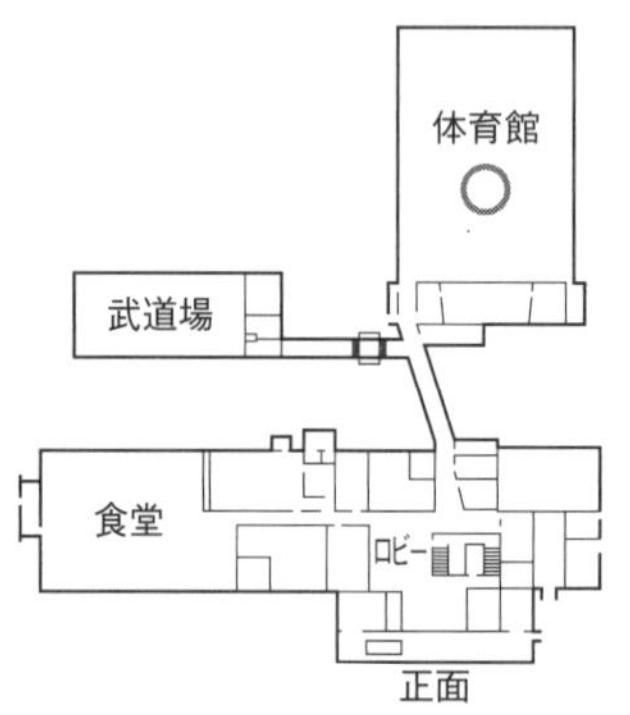

図 5-22　宿泊施設直近の林（上）と現場の体育館（下：死体発見地点○）

図 5-23　体育館内（左）と、同・外（右）での粘着罠設置状況

なままだったので、居ても立っていられず、翌年二月、私は現場の視察をした。当該施設の敷地周辺は針広混合二次林が接するが（図5-22上）、件（くだん）の体育館（図5-22下）からは最短でも五〇メートル以上離れていた。また、体育館内外で小哺乳類の生息状況確認調査を行なったが、生息を示すような証拠は得られなかった。粘着シート式罠を施設内外に一〇箇所設置したが（図5-23：もちろん、第3章で話したように野鳥が捕まらないように注意）、エゾヤチネズミ一個体が体育館出入り口外側のコンクリート台下側で捕獲されたのみであった。言うまでもなく、このネズミは先に紹介した焼酎の箱でぺちゃんこになった種である。

この視察では、この死体が屋内で見つかった、あるいは、件のエゾトガリネズミが自身で入り込んだ後、死んだなどの経緯を合理的に説明する材料を見つけ出すことは不可能であった。ところで、北海道の林道を歩くと、しばしば、トガリネズミ類の死体を見つける。本学内外でも、別種のオオアシトガリネズミの死体をよく見かける（図5-24）。死因の一つとして餓死が考えられているようだが、いずれにせよ、こういった死体は、他の動物の餌になってしまい、私たちが目にする機会はまずない。だが、トガリネズミ類の場合、独特の匂いがあり、他の動物の餌資源としては、好まれないため、そのまま死体が残されてしまうようだ。

なので、宿泊客が屋外でトガリネズミの死体を発見し、持ち込むなど人為的要因まで考慮すれば無理がなくなる。トガリネズミ類のビロード状の毛皮は手触りも良く、低気温により冷凍された死体は、臭いも変性も抑えられていたはずだ。無邪気で、ちょっとワイルドなお子さんなら、ついつい拾って

図 5-24　野幌森林公園内の私の通勤路（左）と、そこで見つけたオオアシトガリネズミの死体（右）

しまいそうだ。根拠がある。私の娘も、小学一年生の頃、私を喜ばせようと、下校時、ドブネズミの死体を拾って、持ち帰って来てくれたことがあった。おそらく、殺鼠剤であるジクマロール剤入りの毒餌を食べて、明るい道端で死んだのであろう。もし、この「子供拾得説」に従うならば、体育館で遊ぶうちに子供のポケットから飛び出したことが考えられる。

なお、エゾトガリネズミの毛皮がビロード状をしているのは、穴居生活中、土が体表にこびりつかないようにするためだと考えられる。これはモグラ類も同様で、こちらのほうの毛皮は高級な帽子や外套などに仕立てられる。しかし、トガリネズミ類の毛皮にその価値が見出されることはない。厳冬の北海道に遊びに来た子供を除いては。その慧眼には将来を期待させるが、手だけはしっかり洗おうね。

クジラ類の死体までやってくる

鳥類は家禽と関係することもあるし、シカや野鼠類などの野生哺乳類にしても家畜衛生面で家畜と紐付けられる。だが、よりにもよって酪農という乳牛に密接に関わる本学で、水モノのクジラ類は「それは絶対に違うだろう！」というクレームをつけられそうだ。だが、便利な理論が最近の分子系統分類学から提起された。それは、牛の仲間の反芻類はクジラ類と非常に近縁であり、すでに文科省の生物学用語集ですら分類名「鯨偶蹄目」が採用されるほど、定着している。ならば、牛の親戚筋を、本学で調べてもおかしくはないだろう。

図5-25　WAMCに搬入される小型のクジラ類の様子

そういったことから、WAMCにも堂々と小型の鯨、イルカ類も運ばれて来るようになった（図5－25）。だが問題がある。まず、扱いに困ること。重い割には、取り付く島がなく、さらにWAMCでは女性が多いゼミなので、体力的にその扱いが厄介なこと。

もう一つは、死体の質が良くない場合が多く、ものすごい異臭がすること。しかし、重かろうが臭かろうが、彼女らが嬉々として作業をしているのなら、まあいいか。ケガだけはしないでほしい。その変性であるが、米国のCRC出版から刊行された海獣類の医学ハンドブックには海獣類での死後経過別に検討可能な試料と死因解析との関係が列挙されていたので、参考に改変・簡略化して転載する。

①食料として利用可能（edible）なほど新鮮：組織病理含め、生体とほぼ同程度の質の試料が得られるので、死因解析可能

②やや（moderate）変性：肉眼病理、一部組織病理、寄生虫、遺伝、生殖器などの試料が得られるが、生化学的な値などに自己融解のような死後変化の影響がある場合があるので、死因解析の際、値の解釈では要注意

③かなり（advanced）変性：一部肉眼病理、寄生虫、遺伝、生殖器などの試料は得られるが、死後変化が強く出るので、時として死因解析が困難

④著しく（severe）変性：年齢、骨学、遺伝などに限られ死因解析ほぼ不可能

知床のシャチ

もちろん、こういった死体の質は、外気温に影響される。たとえば、今から紹介する例は、時間的には前述の③「かなり変性」に入りかけていたが、厳冬期が幸いしたのか、しっかりした肉眼病理の記録が残されている。二〇〇五年冬、知床半島の漁港内でシャチが集団斃死した事例を、国内のクジラ類座礁個体を有効に活用する研究者らが報告した。

ところで、「座礁」と聞いて違和感を持たれたかもしれない。座礁は海深が浅い場所を航行していた船舶が海岸に乗り上げる事故のことだが、これはクジラ類の場合にも適用する。この事故があった年の七月、知床半島が国際連合教育科学文化機関（ユネスコ）の世界遺産登録の予定であったこともあり、このシャチの座礁は世間の耳目を集めた。国立科学博物館・動物研究部脊椎動物研究グループの山田格グループ長（当時）が道内外の研究者に呼びかけ、当該個体の分析を行なった。その結果は、翌年開催された国際捕鯨委員会に論文報告された。この論文は山田グループ長筆頭で、共著者計三九名で構成され、シャチをテーマにしていたゼミ生とともに私も含まれ、内部寄生虫の検査に関わった。しかし、この論文はネットで閲覧することは不可能なので、ゼミ生が翻訳し、北海道獣医師会誌で紹介した。その中で、前述博物館の病理学者・田島木綿子研究員の所見が、海獣類に限らず、野生動物を対象にした法獣医学の優れたモデルとしても参考になると思うので、紹介させていただく。

二〇〇五年二月七日早朝、羅臼（らうす）町相泊（あいどまり）港沖の海氷の間に、地元住人が一〇個体ほどのシャチが閉じ込められているのを目撃した。彼らは救出を試みたが、翌朝、残念ながら九個体の斃死が確認された。この海氷は同年二月六日の日中には認められなかったので、急速に同港周辺域に到達したものと想像された。これらは、雄二（うち幼体一）、雌七（うち幼体二）、体長は二七四センチから七六五センチ、体重三六四キログラムから六六〇〇キログラム、成体六個体の歯を用いた齢査定により一三歳から三四歳で構成されていた。一方、幼体はいずれも特徴的な縁の舌と萌出直後の歯を有し、胎子から新生子とされた。なお、成体一個体分の死体が、大泰司紀之元教授の調整で本学に搬入され、WAMC内で全身骨格標本作製が行なわれた。

さて、田島研究員による剖検所見であるが、まず、肉眼的に九個体中八個体で肺水腫を示していた。これは呼吸不全の根拠となる。幼体三個体のうち、一個体の下顎皮膚に円形潰瘍などが認められた。ほか二個体の幼体では頭頂部と生殖器周辺に皮下出血を示唆する病変が認められ、また、鼓膜周囲に出血を伴った下顎骨近位端骨折も認められ、海氷かテトラポッドによる下顎への圧迫骨折が想定された。以上から、まず、海氷に閉じ込められ、その後、呼吸不全で死んだとされた。また、遺伝子解析により個体間の血縁度が高いこととシャチの行動学的な特性も組み合わせ、次のようなコメントが付加された。

「目撃証言のように、海氷移動は非常に急速であったので、これに対し回避能力が未発達なためか、まず、幼体がその場を逃れることができなくなった。遺伝子解析から家族と目された他の成体は、幼体を助けようと試みたが、最終的には彼ら自身も逃げることができなくなり集団死した。」

すなわち、群れ構成個体間の強い結びつきが、今回の事案につながったという。とりまとめた田島研究員が、病理学のみではなく、クジラ類を長年対象にしてきた行動学や遺伝学などの他分野のデータと信頼すべき目撃情報なども使用し、シャチの群れの死に至る様子を考察していた。このような知見の総合により最期のシナリオを構築することこそ、野生動物を対象にした法獣医学に必要な着地点の一つだと、私は考える……。

蛇にもほんの少しの慈愛を

改正動愛法では飼育爬虫類も対象となったのだが、獣医大教育課程において、この動物群は埒外。なのでフライング気味。膾炙(かいしゃ)される民族性（あるいは国民性）をあらわす小話〈走った後に考える〉のようである。が、私は嫌いではない。走る（法律を作る）前に考えたり、走りながら考えたり、あるいは、考えたけど、やっぱりやめた！　と走らないより、ずっと良い。このラテン的法規を獣医大が挑戦する契機と捉える。まず、できるところから経験値を上げておくに越したことはない。ここでは本学構内であった野生蛇類に関する二つの事例を紹介する。

まず、二〇〇八年七月、衰弱したシマヘビが本学学生により本学構内で発見され、ＷＡＭＣに入院した（図５－26）。この個体の左眼が右眼に比べ、瞳孔が異常に拡大しており、その周辺も不整形であった。結局、衰弱傾向が増し、安楽殺となった。死後、病理解剖され、左眼球（強膜）破裂と診断され

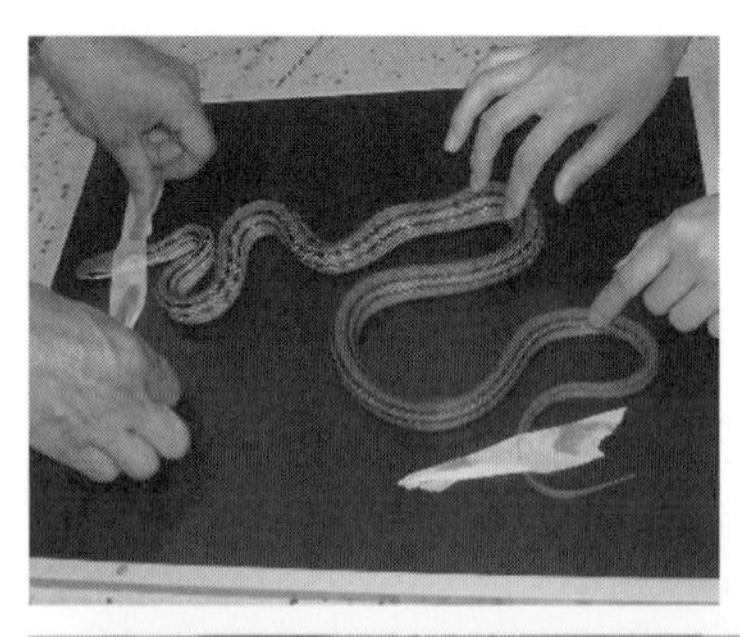

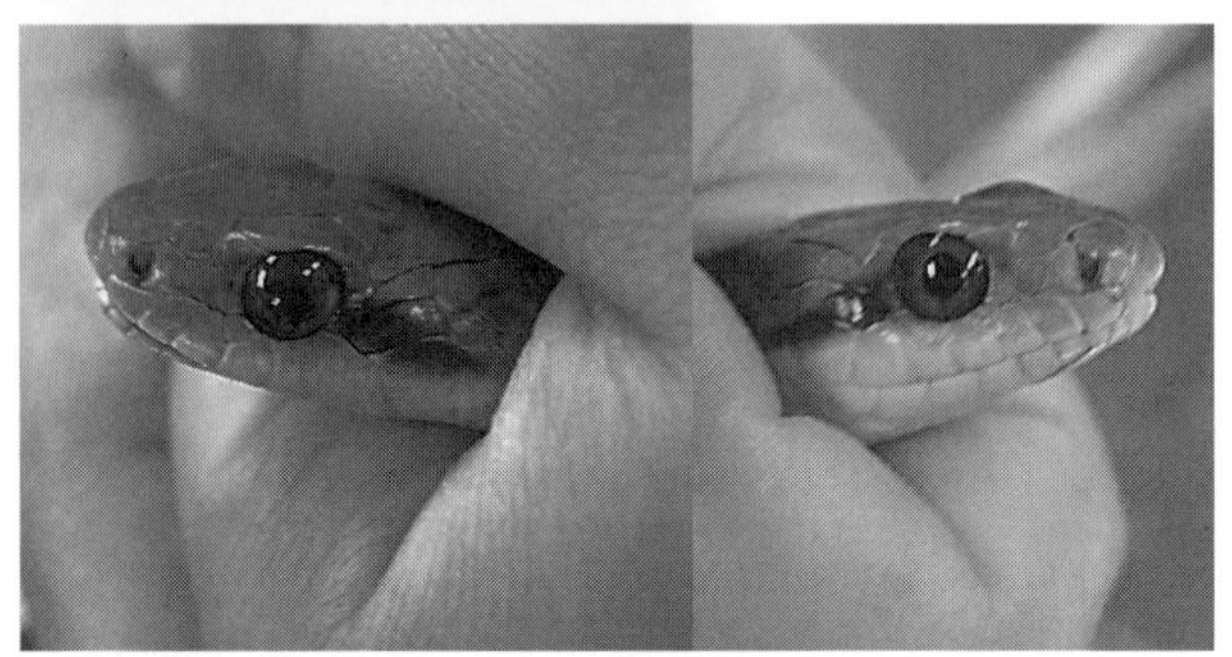

図 5-26　WAMC に入院したシマヘビ全体像（上）、左頭部（左下）および右頭部（右下）の状態。浅川（未発表）

た。これは頭部左側を中心に物理的衝撃があったと考えられる。その部には目立った外傷は見当たらなかったが、私は以下のような人為的要因を強く疑っている。

大変残念なことであるが、今なお、特に、多くの北海道シニアには蛇とみると、瞬時にスコップで叩いたり、長靴で踏みつぶすなどの習慣がある。蛇はすべからく有毒、百害あって一利なしという誤解からだ。得意げに、ドヤ顔した施設や農場管理の方々から、何度も死体をいただいたことがある。もちろん、いただいた限り、大切に、寄生虫を調べた。が、そのたびに、痛ましいので、どうか、無暗に殺すようなことはやめてほしいとお願いしてきた。その甲斐あってか、そのような犠牲者は、最近、減った気がする。個人の嗜好を披歴する場ではないが、蛇はいずれも美しく、このシマヘビも素晴らしかったのだ……。ちなみに、ジムグリは美しいだけではなく、気性も大人しいので、大好きな蛇だ。もちろん、北海道であってもマムシは生息し、人のみならず犬も咬まれるので注意したいが、それ以外の野生の道産蛇は無毒である。暖かく見守って欲しい。

次に紹介するアオダイショウも、少々気性が荒いものの愛すべき蛇である。二〇一八年五月、本学構内の私の通勤路上、体長約五〇センチの若い、幼蛇時期のマムシとよく似た模様が微かに残るアオダイショウが衰弱した状態で伸びていた。早速救護し、WAMCに搬入した。通常、アオダイショウは攻撃的で持ち上げたら激しく抵抗をしてくるのだが、この個体はぐったりし、なすがままであった。体表を観察したところ、体中央部左側に、三×一センチ程度の範囲で約一センチ高の腫瘤が認められ、そこに認められた人工的な傷口からも微量ながら出血していた。同部を切開したところ、人工物が確認されたのでこれを摘出した。それは動物の行動調査などに使用される二〇センチ長のアンテナを備えた電波発振器であった（図5－27）。

同部を縫合・消毒し、一昼夜経過観察した後、活発な運動を呈すことが確認されたので、この個体が最初に発見された場所に戻した。本来ならば、これを装着したと思しき研究者にお話をするべきであったが（結局、どなたかわからないまま）、アオダイショウの健康を最優先させていただいた。この症例の場合、明らかに、個体に比して過大な人工物を埋没させたことにより、円滑な運動機能を減じていたうえに、術後処置も不適切であった。鱗一枚一枚の周囲を切開する配慮もなく、鱗にダメー

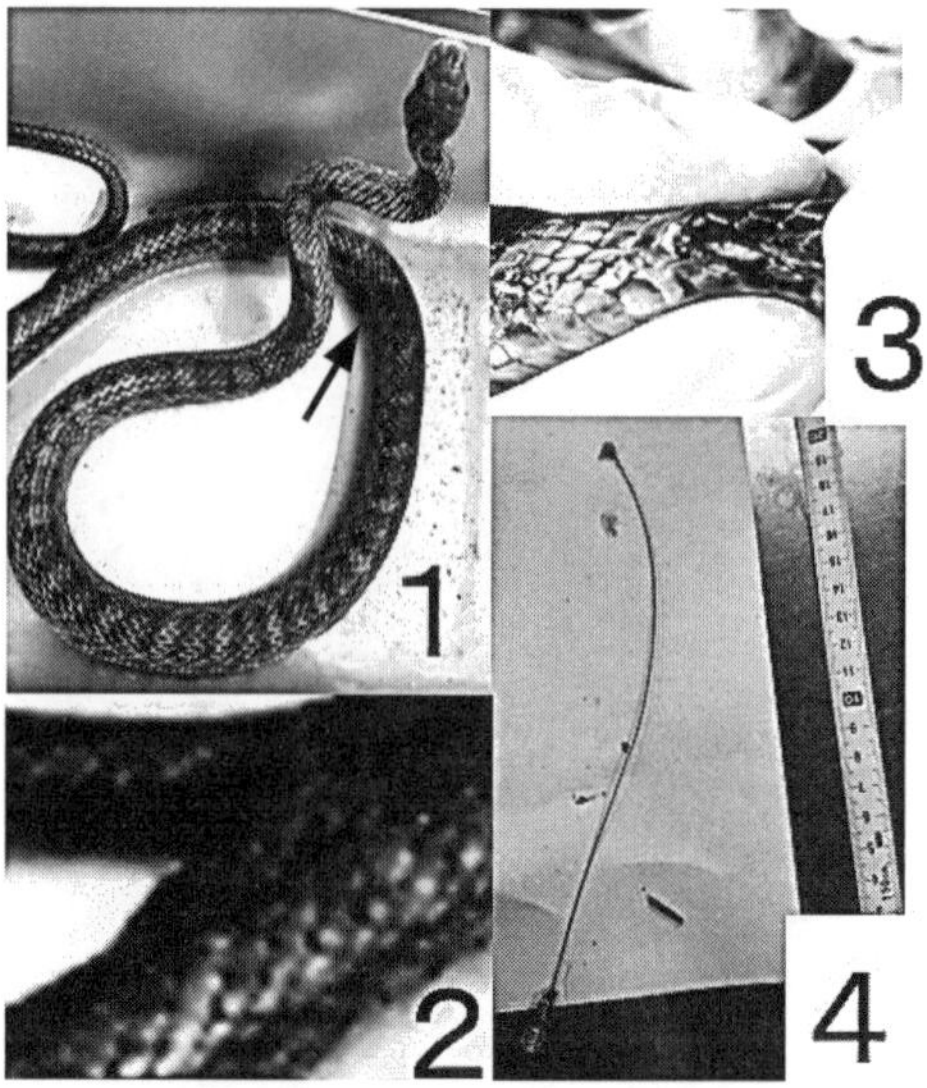

図 5-27　電波発振器により衰弱した野生アオダイショウ。1：埋め込まれた発振器（本体）による腫瘤部（矢印）2：同部拡大像　3：同部試験的切開像　4：摘出された電波発振器（本体は下部、上に伸びているのはアンテナ）

ジを与えていた。おそらく、行動学的な研究を念頭に装着されたのだろうが、とても、正常な活動は期待できるものではない。それ以前に、飼育動物対象ではあるが、爬虫類も動愛法の対象となった今、野生の蛇に対しても、外科手術的な手法を用いる場合には、特に配慮すべきである。そして、もはや倫理観の欠如した研究者の存在は社会的に許容されないことを自覚してほしい。

かつては理不尽に頭を潰され、今は、自分勝手な研究のために不適切に切り刻まれる運命にある蛇にも、慈愛の一部を分けてほしいものだ。

第6章　野生動物の法獣医学とは?

獣医学とは

第3章から第5章まで、様々な死の記録を綴ってきた。『枕草子』や『徒然草』のように、それこそ、つれづれなるままに書き連ねて終わってしまい、あとは、「皆さんで好きに考えてください」という閉じ方もあろう。しかし、もう少しお付き合いいただき、私と学生たちが様々な死と出会い、その経験を積み重ねるうちに芽生えてきた提案を聞いてほしい。そもそもこれまで、野生動物の死から得た知見を報告しようにも、アカデミックな分野がないために、専門誌では受理してもらえなかった。しかし、社会的需要は間違いなく高まっている。ならば私たちが、アカデミックな新分野をつくればいいのではないか。そう、獣医学にも、法医学に相当するような分野、すなわち法獣医学が絶対に必要であり、その対象は野生動物までにも広げなければならない。本章では、今後の望ましい「野生動物の法獣医学」の姿を展望しよう。

まず、学問の特色について整理する。これまでに記した個々記録を帰納してみた。野生動物の、時には〈塩辛・スルメ〉状に高度変性した病理学が対象にしない死体を、至近要因のみならず、究極要因からも死因を追究した、といったところか。ただ、私は寄生虫学者であり、死因解析には行き掛かり上関わった、いわば素人である。なので、そのような人間が一人で悩んでいても結論は出ない。

そこで、読者の皆さんを巻き込むことにした。まず、巻き込まれやすいように、皆さんに獣医学の枠組みを概観していただく。「医」とあるので、病（やまい）の科学、その病とは体の異常である。獣を対象に、この異常を正常に戻す（治療）、あるいは異常にさせないこと（予防）を目指すのが獣医学の使命である。しかし異常を知るには、まず、正常を知らなければならない。正常を物差しとして、異常を察知（診断）するのだ。これらが獣医学の枠組みとなり、二〇二〇年六月に改訂されたばかりの獣医学教育モデル・コア・カリキュラム上では、①から④の四分野に細分される。

①基礎獣医学分野：正常を知る分野。獣医解剖学（以下、頭に付く〈獣医〉略）、生理学、生化学、薬理学、分子生物学、放射線生物学など
②病態獣医学分野：異常を察知する分野。ウイルス学、細菌学、寄生虫学、病理学、免疫学など
③臨床獣医学分野：異常から正常に戻す分野。内科学、外科学、画像診断学、麻酔学、眼科学、繁殖学など
④予防（応用）獣医学分野：異常にしない分野。毒性学、公衆衛生学、動物衛生学、野生動物（医）学など

これまで紹介した学問で、死因を解析する病理学は②に、骨の鑑定で必要となる解剖学は①、毒性学は④に分類される。④の予防獣医学分野は、①から③までの分野を応用して予防手段を講ずることから、応用獣医学分野という別称もある。たとえば、野生動物医学は野生動物や動物園水族館動物などを対象にした①から④すべての応用でもある一方、予防獣医学としての性格もあり、最近はその側面が注目されている。というのは、病原体が野生動物体内に存在していても病気になるとは限らず、むしろ野生動物の場合、健康な状態で、病原体の運び屋となってしまうほうが多い。そして、人為的開発による生息環境の破壊・攪乱などにより、こういった野生動物から、本来の宿主ではない人や飼育動物等に病原体が感染し、新興・再興感染症の発生原因となる。今般のＣＯＶＩＤ-19はまさにその好例であり、コウモリ類に寄生していたウイルスに端を発したとされている。

また、野生動物の個体群変動に影響を与える病原体もあり、日本では飛来地・越冬地が開発や環境悪化によって減少し、限られた狭い場所で巨大な群を作る水鳥において、感染症の大発生がいつ起きてもおかしくはない。深刻な影響を与える新興感染症発生を防ぐためにも、野生動物医学は予防面に主眼を置くことになる。

既存知識の延長・目新しい組み合わせなので独習可能

獣医学の枠組みを知ってもらったところで、次に獣医学と私たちが提案する「野生動物の法獣医学」にどのような関係があるかを見ていく。実は海外では、「法獣医学」に相当する分野が「Forensic Veterinary Medicine」（日本語にすれば、法獣医学）としてすでに確立されている。そこでこの、「Forensic Veterinary Medicine」と「Veterinary Medicine」（獣医学）との関係性を探ってみよう。幸い、本書原案を策定している最中の二〇二〇年、米国獣医師で昆虫学者としても高名なJ・バード博士らが編集した教科書『Veterinary Forensic Medicine and Forensic Sciences（法獣医学と法医科学）』が刊行された。本書でも、時折、引用したが、ここでも参考にしてみよう。この教科書には二〇の章が収載されていた。これら章題を、前述した獣医学教育モデル・コア・カリキュラムにおける①から④の分野に当ててはめてみた。当てはまらない項目は、法獣医学に比較的特化したものとして⑤に分類した。

①基礎獣医学分野
米国における動物福祉・愛護の法
法獣医学的な骨学
分子生物学的な証拠とDNA分析

②病態獣医学分野
剖検の手法概要
法獣医昆虫学
③臨床獣医学分野
鈍性物による死傷
鋭性物による死傷
法獣医学的な画像診断学
④応用獣医学分野
法獣医学的な毒性学
生産動物対象の法獣医学的事例
⑤法獣医学に特化した事項
法獣医学の定義と関係する事項
現場調査における留意点
シェルター医学（後述）の法獣医学的調査の実際
動物福祉・愛護関連法規の執行――報告から裁判まで
性的目的のための動物虐待
闘犬・闘鶏と多頭飼育

動物虐待と暴行
飼育放棄・無視（ネグレクト）と虐待
外気温異常・化学物質・電気・高／低体温症・溺死
　銃撃と銃弾

　これら分類には、無理やり感があると思われるかもしれないが、根拠はある。たとえば、②に配置した法獣医昆虫学。この科学は動物の死体に認められるクロバエ科、ニクバエ科およびイエバエ科などのハエ類やハナアブ科、ミズアブ科など一部アブ類のいずれも幼虫などの生育状況や地理的分布などを手掛かりに、いつ、どこで当該動物が死んだのかを類推する。法医学でも用いられる法昆虫学手法と変わらないが、ここで扱う昆虫学の内容はその基礎的な寄生虫学、特に、衛生動物学そのものである。したがって、ここでは法医昆虫学を寄生虫学が包含される②の分野に配した。また、生産動物対象の法獣医学的な事例とその対応については、畜舎管理や牧野（ぼくや）衛生などの家畜衛生学に関わる部分が多いため、④の分野に配した。

　聞き馴染みのない「法獣医学」ではあるが、このように既存のコアカリ科目と比べてみると、半分の項目は①から④の分野に収まり、既存の獣医学の内容をやや延長・拡大したに過ぎないことが理解できた。
　⑤の特化した分野も、一見、法獣医学の独壇場のような項目が列挙されるが、実は①から④までの

既存の分野に属す情報と技術を基盤に成立している。既存知識の組み合わせ方が目新しいが、現役の獣医師や動物看護師であっても十分に、独習可能なのである。

なお、これら章題を一瞥するだけで、「虐待（abuse）」が複数個所に渡っていることが確認され、法獣医学はこの虐待行為を科学的に証明することを目的にしていることが一瞬で理解できる。法廷闘争の対象が、飼育下にある動物の虐待であるからである。実際、法獣医学の教科書で虐待に関して多くの頁が割かれているのはバード博士らの『法獣医学と法医科学』ばかりではない。マンロー夫妻の『Animal Abuse and Unlawful Killing-Forensic Veterinary Pathology（動物虐待と不法殺害―法獣医病理学）』やメルク博士の『Veterinary Forensics: Animal Cruelty Investigations（法獣医学：動物虐待調査）』などのような類書でも同様である。さらに付け加えると、これら両書の章構成も、バード博士らによる教科書とほぼ同じであったので、法獣医学の重要項目は上記の二〇項目で網羅されたと理解してよいだろう。

しかし、いずれも米国の事例であるので、たとえば、性的虐待や銃による殺傷、あるいは濡れた猫を電子レンジに入れて殺してしまうなど、日本の「愛護動物」ではあまり心配しなくてもよいと考えられる項目もあり、日本への導入前には慎重に選択したい。

愛護動物とは？　動愛法とは？

「愛護動物」。字面からは見逃してしまいそうな語なのだが、「愛護動物」は、れっきとした法律用語であるし、法獣医学を語るうえでは、不可分な重要タームなのだ。しっかりと理解しよう。

二〇二〇年、「動物の愛護及び管理に関する法律等の一部を改正する法律」が施行され、動物愛護の法律（動愛法）が厳格化した（改正動物愛護管理法：後述）。その法的対象となる動物は「愛護動物」と称される。この中には、まず、①獣医師法がその第一七条で規定する飼育動物（牛、馬、めん羊、山羊、豚、犬、猫、鶏、うずらその他獣医師が診療を行なう必要があるものとして政令で定めるもの）のほか、いえうさぎ、いえばと、あひる（法律名称のママ）が含まれる。次いで改正により、②人が占有するすべての爬虫類、鳥類および哺乳類となった。これには、獣医学教育に関わる教員は、大いに困惑した。獣医大で教える鳥はほぼ鶏だけだし、しかも臨床ではなく、基礎・病態獣医学で扱うだけ。爬虫類は対象外で、ごくごく一部、野生動物学で触れる程度である。それはともかく、②の大きな分類が規定されてしまえば、自動的に①の鶏やうずらなどの鳥類も含まれることになるので、「分ける意味があるのかな」と軽く感じたが、それはともかく、①は一号動物、②は二号動物という名称が付されている。

話が前後するが、ここで動愛法を概観しよう。正式名称は「動物の愛護及び管理に関する法律」であるが、長いので、通常、この法律に限らず、短縮形がよく使われる。動愛法は、一九七二年に議員立法で制定された「動物の保護及び管理に関する法律」が原型となり、一九九九年に「動物の愛護及び管理に関する法律」と名称変更して成立した。一九七二年当時は動物愛護の考え方が浸透していなかったが、その後ペットを飼う人が増えるとともに室内飼いなど飼育形態も変化してきたことに加え、「保護」が鳥獣法など他の法体系に使用されるので、ここでは「愛護」に収斂させることなのであろう。しかし、動愛法は、野生状態にある動物を対象としていない。

当該法律の運用を司る（所管という）場も、総理府から環境省に移管された。でも、法律を決めただけでは、何も動かない。地方自治体が条例に「加工」して、その条例に則って保健所が対応する。そして、保健所に勤務する公務員獣医師が現場対応する。彼らは、前述した「愛護動物」の虐待防止のため、粉骨砕身、精励する。

動愛法では、加えて、人への被害防止も規定し、これまでにない罰則の強化と動物取扱業者の知事等への登録が義務化された。具体的には、人に危害を加えるおそれがある危険動物を「特定動物」として定め、特定動物へのマイクロチップ挿入による個体識別を義務化して、飼い主の責任を重くした。結果、公務員獣医師はそれへの対応で忙しくなった。

愛護動物を対象にした法獣医学の試み

さきほどの一号および二号愛護動物において、飼育、医療・ケアあるいは流通・娯楽などの場で、無視（ネグレクト）を含む虐待があった場合、そして、その証拠があった場合、当事者は罰せられる。裁判の場などで、その証拠を証明するのが法獣医学である。その重要性は自明であり、現に、日本の獣医大でも体制が着々と整備されつつある。たとえば、日本獣医生命科学大学に法獣医学教室が設置され、法獣医学関連の研修会やシンポジウムが活発に行なわれている。しかし、これらはあくまでも教育段階の話である。実際に、在野で立件を強力かつ積極的に行なう司法組織、たとえば、バード博士らの教科書の中で紹介されているHumane Law Enforcement officer（人道的な法執行官か）のようなものが日本には不在なので、検討すべき課題は多い。

その他飼育動物を対象にした試みと無脊椎動物医学

一方、「愛護動物」に比べて「野生動物」は、事件性を証明するような法的背景が概して弱い、あるいは欠如しているか曖昧である。言ってみれば、これが野生動物の法獣医学的なアプローチが不在だった理由でもある。しかし、事件性を証明するような法的背景は弱くとも、存在はしている。

そもそも法規とは、人の営み（社会）を円滑に機能させるための仕組みである。当然、この人の営みには「動物を占有する」という行為も含まれる。しかし、人の占有する動物のすべてが「愛護動物」ではない。たとえば、系統分類学的に爬虫類未満（という表現はどうかなと思うが）の脊椎動物（両生類、魚類および円口類）、それに、昆虫類やタランチュラのようなクモ類などの無脊椎動物は愛護動物に含まれない。しかし、そういった動物でも、抵抗感はおありだろうが、人のモノ、財であるので、それが棄損された場合、器物破損という事件となる。たとえば、養蜂家にとってのミツバチ、輸入昆虫を専門に扱う業者にとっての「商品」などが故意に殺戮されたら、それを生業にされる方々にとって死活問題であるし、重要事件でもある。ただ、そういった事案を法獣医学的に証明するには、まず、無脊椎動物医学の充実が必須である。

鳥獣保護管理法とは？

それでは、人が占有しない動物についてはどうであろうか。野生動物は無主物であって、人の非占有の動物であるが、それでも、いくつかの法規に守られている。なので、これを無軌道に殺傷することは犯罪を構成する。つまり、れっきとした法獣医学の対象事案となるのだ。では、どのような現行法があるのか。

まず、鳥獣保護管理法（正式名：鳥獣の保護及び管理並びに狩猟の適正化に関する法律）が代表的である。そして、ここで「保護」の語が使われていることに注目していただきたい。この法律は、驚くことなかれ、明治時代の中頃（一八九五年）に制定された狩猟法が原型となっている。意外かもしれないが、江戸時代は幕府・各藩とも、主だった鳥類と哺乳類は大切に守られていた。お殿様の狩猟対象鳥獣であるからだ。しかし、明治維新となり幕藩体制の崩壊に伴って、そういった鳥獣を守る組織が消滅し、かつ銃も改良され、その結果、乱獲や駆除が横行して、多くの鳥獣がめっきり姿を見せなくなった。絶滅した種もいる。「このままではいかん！」と明治政府は、維新後三〇年経って「狩猟法」を作った。そしてそれが、一九一八年に「鳥獣保護法（鳥獣保護及狩猟ニ関スル法律）」となった。

当初、林野庁という森や山を管理する役所が所管をしていたので、海に棲む動物は鳥獣保護法の対象外であった。しかし、平成になり（！）、所管が環境省へ変更された後、二〇〇二年の改正を機に、ジュゴン、アザラシ類五種、それにすでに絶滅したとみなされるニホンアシカも対象動物として追加された。そして、二〇一五年、それまで鳥獣の捕獲に対して規制をかけ保護に重点が置かれていたこの法律は、鳥獣による農林水産被害対策として積極的な管理を行なう現行の「鳥獣保護管理法」に再度改正された。

長々とした説明でお疲れであったと思うが、本書にとって、重要な点はこの法律に鳥獣の狩猟、すなわち合法的な殺戮の許認可が含まれることだ。狩猟指定鳥類、すなわち狩猟鳥としてはゴイサギ、マガモ、カルガモなどの主だったカモ類、カワウ、バン、ヤマシギ、タシギ、キジバト、エゾライチョウ、ヤマドリ、キジ、コジュケイ、ヒヨドリ、ムクドリ、ニュウナイスズメ、ミヤマガラスのほか、第3章で触れたスズメ、ハシボソガラスおよびハシブトガラスの二八種が指定されており、決められた期間内に、決められた場所で、許可された方法でのみ、捕獲が認められている。裏を返せば、許可なしでは狩猟鳥の捕獲や殺傷は禁止されているのだ。したがって、第3章で紹介した有機リン剤でカラス類を毒殺したと想定される者は、鳥獣保護管理法違反となる可能性が高い。

哺乳類に関してはシマリス、ユキウサギ、ノウサギ、イノシシ、ニホンジカ、タヌキ、キツネ、テン、イタチ（オス）、チョウセンイタチ、アナグマ、ヒグマおよびツキノワグマなどの在来種に加え、アライグマ、アメリカミンク、ヌートリア、クリハラリス（タイワンリス）、ノイヌ、ノネコおよびハクビシンなどの質の悪い外来種までも含まれる。鳥類と同様に、たとえこれらの動物に庭や農作物を荒らされたり、糞尿被害などの実害を受けていたりしたとしても、無許可で捕獲すれば、鳥獣保護管理法違反となる。

鳥獣保護管理法には、増え過ぎて農林業被害を出しているシカやイノシシなど在来種をその地域に養えるだけの個体数に抑え込む施策である「特定鳥獣保護管理計画」が盛り込まれている。そのため、農水省が所管する「鳥獣被害防止特別措置法」との円滑な連携もうたわれ、法学および行政的にも省庁間の縦割り打破というモデルケースとしても注目される。

その他の野生動物を対象にした法規

鳥獣保護管理法以外にも、保護あるいは生物多様性保全や自然環境の復元、外来種・感染症対策などにおいて、今後、法獣医学とも直接・間接的に関わるであろう法規がある。ここでは、獣医学教育モデル・コア・カリキュラムの野生動物学で扱われる法規を中心に、ごく簡単に概観する。

①鳥獣保護管理法以外の野生動物の保護に関して

a）水産資源保護法：水産庁が所管し、対象は毛皮獣のオットセイ・ラッコ、食資源のクジラ類で、これ以外の水産物として無価値な種は対象外である。

b）文化財保護法：文科省が所管し、天然記念物を指定するなど、種の保存法の制定されるまで希少種の保護を担った。

c）自然公園法：環境省が所管し、国立・国定公園に関する諸規定を包含し、国立・国定公園の一部地域で野生動物への餌付け禁止が盛り込まれた。

d）絶滅のおそれのある野生動植物の種の国際取引に関する条約（ワシントン条約）：英語略号ＣＩＴＥＳのサイテスは、どこかで聞いたことがあろう。野生動物種を保護するための国際的な取り決めであり、種の生息状況を三ランク（付属書Ⅰ、ⅡおよびⅢ）に分け、Ⅰが最も厳しく取引禁止などと規定している。

e）特に水鳥の生息地として国際的に重要な湿地に関する条約（ラムサール条約）：水鳥が休んだり餌をとるのに重要とされる湿地を保護するための国際的な取り決めであり、一時的な人工湿地や水深六メートル未満の海域含む全水域が対象で国内には五〇カ所以上が登録されている。

f）世界の文化遺産および自然遺産保護条約（世界遺産条約）：自然、文化および複合の三部門で、世界的に「顕著な普遍的価値」を有する遺産を保護するための国際的取り決めである。日本の自然遺産には、屋久島、白神山地、小笠原諸島、そして本書でも何度か紹介した知床半島が登録されており、二〇二一年七月に「奄美大島、徳之島、沖縄島北部及び西表島」の登録が決定された。

g) その他：以上のほか、野生動物、特に、海獣類などの保護に関しては南極条約、さらに日本が脱退あるいは未加盟である国際捕鯨取締条約と移住性野生動物保護条約（日本、未加盟）がある。また、次の②や③の性格とも密接に関連するが、詳細は省く。

②生物多様性保全に関して

a) 生物多様性条約：生物多様性の保全を目的に、生物資源の持続的な利用を行なうための国際的な枠組みである。具体的には、外来種や遺伝子組み換え生物の管理などに関する取り決めがされている。

b) 生物多様性基本法：環境基本法の下位法として位置づけられ、日本の生物多様性政策の根幹となる理念法である。「目立たない生物等」を標的に成立し、この法律により、それまでの「緩かった環境アセスメント」強化につながった。

c) 絶滅のおそれのある野生動植物の種の保存に関する法律（種の保存法）：①のd)ワシントン条約と前述の生物多様性条約を受け、生物多様性基本法（後述）の下位に整備されている、環境省所管の法律である。レッドリスト掲載希少種のほぼ半数を保護増殖事業の対象種としている。

③外来種および農業被害対応、生態系復元に関して

a) 特定外来生物による生態系等に係る被害の防止に関する法律（外来生物法）：環境省が所管し、様々な問題を引き起こす海外起源の外来生物を特定外来生物として指定し、生態系や人の生命、農林水産業への被害を防止しようとする法律である。一五六種（二〇二一年八月現在）が指定されている特定外来生物の中には、鳥獣保護管理法で狩猟獣として対象になっているアライグマ、アメリカミンク、ヌートリアおよびクリハラリスが含まれる。それら飼養、保管、運搬および輸入等に規制と防除を明文化した。その基準は生態系、人および家畜への被害（感染症除く）があり、生きているものに限定した。また、外来生物の対象は、明治以降に海外より渡来し、目視可能な種とした。なお、この法律の防除計画が策定された種に限り捕獲許可が不要になったので、アライグマを捕獲する際には、防除計画の確認が必要である。

b) 鳥獣被害防止特別措置法：農林水産省が所管し、主に農林水産業への被害の防止のため、その施策を総合的かつ効果的に推進することを目的にした法律である。被害の七割はシカ、イノシシ、サルによるもので、それら害獣の捕獲や個体数調整に関わる法律である。したがっ

て、法獣医学的な案件にも成りうる短兵急な「私的駆除」に突き進むことは慎みたい。また、副次的に農林水産業の発展・農山漁村地域の振興にも寄与することも視野に入れている。具体的には、市町村が被害対策の中心となって主体的に取り組めるよう、そこで被害防止計画を作成、それを国が財政支援などする仕組みである。

c）自然再生推進法：過去に損なわれた生態系や自然環境を取り戻すことを目的とした、環境省所管の法律である。将来、動物の生息環境に間接的に影響を与えるかもしれないので、名前だけ挙げるに留める。

④人と家畜の感染症対策に関して

a）感染症の予防及び感染症の患者に対する医療に関する法律（感染症予防法）：厚生労働省が所管し、二〇〇三年の改正でコウモリ類、プレーリードッグ、タヌキ、ハクビシンなどの輸入禁止、サル類も研究・展示用以外は禁輸となった。生体・死体とも対象となったため、私のような動物から病原体を検出しているような研究者には辛い。輸入時には相手国の感染症フリーの証明書が必須だが、難しい。なお、獣医師・動物関係者もこの遵守の協力義務が明文化されているので、無意識的に法を犯してしまうようなことがないように注意したい。

b）改正家畜伝染病予防法（家伝法）：獣医師が最も重視するのが、農林水産省が所管することの法律である。家畜の伝染病の発生の予防、およびまん延防止について定められている。私たち獣医師には、悪夢と言える二〇一〇年、宮崎での口蹄疫発生から「口蹄疫対策特別措置法」が制定され、これが翌二〇一一年の家伝法改正につながった。また現在、家伝法には農林水産大臣が環境大臣に野生動物の監視・個体群管理を求めることも盛り込まれている。

以上のように、野生動物の健康や存在を守ることに関し、現行でも多数の法規存在しており、一見、水をも漏らさぬように見えよう。だが、個々細かく見ると、違反をしても罰則規定が弱い、または全く伴わない、あっても立件が難しいなど、問題山積である。厳しくなった動愛法ですら、愛護動物の虐待やネグレクトなどの立件を強力に行なう専門的な捜査組織が日本には不在なので、実効性が乏しいことは前述した。まして、野生動物となったら、何をか言わんや、である。

では、野生動物を対象にした法獣医学は？

野生動物の健康や存在を守る法制度は、欧米であってすら、彼の国々の飼育動物と比較すると、法としての完璧性は劣るらしい。欧米、特に、米国のように野生動物は国の資源として見なす国家としては意外だ。そうであっても、法獣医学の埒外ではなく、たとえば、クーパー夫妻（後述）が二〇〇七年に書いた『Introduction to Veterinary and Comparative Forensic Medicine（獣医学・比較法医学入門）』では「法獣医学が対処する問題として、厳密な法規とは関連しない〝non-legal〟な諸問題も包含されるべき」と述べられ、野生動物も積極的に法獣医学の対象にすることが提案されている。これは、日本で法獣医学を展開する際に、大変示唆的であるし、何よりも私は勇気付けられた。実は、この言説に触れるまで、法対象という文脈であまり語られず無主物に過ぎない日本の野生動物では、法獣医学としての科学は成立し得ないのではないかと悩んでいたからだ。

実際、このクーパー夫妻が活躍する英国では、野生動物死傷の対応について、英国獣医師会が編纂したマニュアル『BSAVA Manual of Wildlife Casualties（傷病鳥獣のＢＳＡＶＡマニュアル）』があり、その中にも法獣医学的事項が盛り沢山である。ただ、臨床・ケアの部分は日本も負けておらず、この二〇年以上も前の一九九六年に刊行された『野生動物救護ハンドブック』は間違いなく誇れる内容である。もちろんこれは、傷病救護事例への対応を目的としたものであったので、今後は法獣医学的な事例に対応したマニュアル整備も期待される。ちなみに、『ＢＳＡＶＡマニュアル』の各論で取り上げた種（章題）は次のようであった。ハリネズミ、それ以外の食虫類と齧歯類、コウモリ類、アナウサギ・ノウサギ、アナグマ、カワウソ、それ以外のイタチ類、ヤマネコ、キツネ、シカ、海獣類、海鳥類、サギ・シギ・ツル類、それ以外の水鳥類、狩猟鳥類、ハト類、猛禽類、スズメ目等の小鳥類、両生爬虫類。

すなわち、目立つ動物、たとえば、救護しやすい、あるいは「救護し甲斐のある」ような種だけではなく、両生類以上の脊椎動物すべてを対象にしている点は、生態系保全の一環として法獣医学を位置付ける姿勢がうかがい知られる。

図 6-1　ロンドン動物園動物病院手術室（シアター）で授業をするクーパー博士。2000 年、私が RVC 野生動物医学専門職修士課程に在籍した際に撮影した

個人的には、野鼠類も収載されていた点に驚きを禁じ得ない。私は、宿主―寄生体関係の生物地理をライフワークにし、宿主モデルを野鼠類としている。それがきっかけで、野生動物医学の担当となり、ＷＡＭＣを運営し研究者として歩み始めた当初は全く予想だにしてなかった法獣医学の本を書いている。したがって、野鼠類は今の立ち位置に誘ってくれた動物でもあるが、野生動物医学の仲間うちでは、救護や保全という話題にはなりにくい対象であったので、驚いたのだ。

もう一つ個人的な思い出を語らせてほしい。私は野生動物医学の学びを深めるために、ロンドン大学王立獣医大学校／ロンドン動物学会共同開講野生動物医学専門職大学院修士課程に入学した（第一章参照）。

二〇〇〇年から二〇〇一年、私が四〇歳の頃であった。大学院では魅力的な授業が満載であったが、法獣医学は地味なものであった。その担当者がJ・クーパー博士（図6－1）であった。事務弁護士（ソリシター）である彼の細君と伴にこの授業が行なわれたが、夫妻が好人物であることはすぐにわかった。また、クーパー博士は名著『野鳥の医学』や『小動物臨床ピクチャーテストーエキゾチックアニマル編』などを上梓されていたのを知っていたので、臨床についての彼の講義は期待通りに、クラス中は沸いた。まあ、彼としても、当時は法獣医学の体系化を模索していたのであろう。法獣医学の授業はぶっつけ本番・お試し感が拭い切れなかった。しかし数年後、『Introduction to Veterinary and Comparative Forensic Medicine（獣医学・比較法医学入門）』という見事な関連書籍を上梓していたので、やはり凄い人物である。

動物虐待阻止の実学であるシェルター医学と法獣医学

以前から英国は動物虐待に対しても厳格で、たとえば、法獣医病理学はこの国発祥であり、日本でも取り入れられた。一方、米国ではシェルター医学（Shelter Medicine）という災害避難場所（シェルター）やブリーダーなどにおける集団生活をする動物の個体群管理に特化した動物医療・ケアの実学が新興した。

自然災害が多い日本でもシェルター医学は不可欠であろうから、もう少し掘り下げよう。この科学

シェルター医学

集団獣医学　災害獣医学　法獣医学≒法獣医病理学

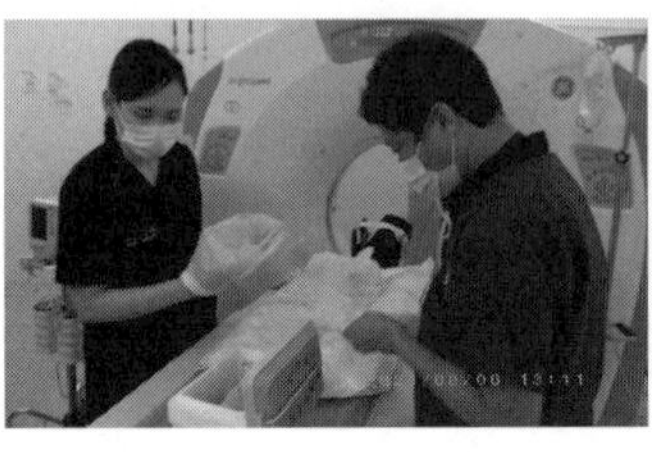

図 6-2　シェルター医学を構成する三つの科学分野と法獣医学
下の写真：金属バットで殴打されたドバト死体を CT にて画像診断する本学附属動物病院スタッフ

は、①集団獣医学、②災害獣医学、および③法獣医学、で構成されている。不適切な飼育環境や災害のような突発的な状況では、動物への虐待が生じやすい。したがって、シェルター医学には、③の法獣医学が包含されるのである（図6-2）。なお、英国の法獣医病理学は、ほぼ法獣医学と同義と解されるが、米国ではバード博士らの教科書にあるように、病理学はあくまでも法獣医学の一部である。なので、図6-2右の内側楕円「法獣医学」の周囲には、法獣医毒性学、同画像診断学、同分子生物学、同微生物学なども併置される。英国の例で見たように、法獣医学は獣医病理学（病態獣医学）にごく近い印象があるが、端的に言えば、法獣医学が法の実施を完璧にする実学に対し、病理学は（法に直結する・しないにかかわらず）病気の真理を追及する学問という虚学的な側面があろう。たとえ、両者で用いる手法が同じであっても、ゴールが違うことは、それぞれの学問を発達させるため、常に念頭に置く必要があろう。

ところで、「虚学」という物言いに不快感をお持ちの方がいらっしゃると思う。誤解のないように補足するが、実学と虚学との区別は、相対的な見方で、当該学問のある時点での状態であるに過ぎないと思う。たとえば、野生動物の法獣医学は、「〈塩辛・スルメ〉状死体から死因を解析せよ」という、社会からの強い要望で泥縄式に創学されつつある。この本もその一環であるが、社会からの要望があるという点こそ、これを実学という状態にしているに過ぎない。

一方、今日、伝統ある病理学であっても、創学時は、当然ながら、病（やまい）からの開放という人類社会からの強い要望で誕生し、今なお不変である。しかし病理学はその後、疾病発生機序に強く傾倒し、ついには真理の追求、学問のための学問の様相を呈すような局面もあろう。病理学に限らず、科学にはそのような性質は必ずつきまとうのではないか。このような性質が強まれば、時に、社会からの乖離が生じ、そのような状態を、本書では「虚学」とした。繰り返すが、状態である。もちろん、虚学で生まれた強固な理論は、実学の基盤となる。よって、お互い相補関係となる。したがって、ここの「虚学」には、虚ろやまやかしという意味は一切ない。

なお、米国で配置されるような人道的な法執行官不在の日本において、愛護動物の異常を最初に察知するのは、在野の動物病院に勤務する獣医師であり、動物看護師である。すなわち、彼らには虐待事案を見抜く資質が求められるので、法獣医学の理論と技術、あるいは最低限のセンスが希求されると思う。

野生動物の法獣医学と医学（法医学）

さて、本書の主題、野生動物の法獣医学であるが、このすべてをシェルター医学の中にすべて含ませてしまうのは難しく、結論から言えば、その大部分は野生動物医学に位置付けることが望ましいと考えている。さらに、技術的には人間社会の法医学にも非常に近いので、そちらとの交流も必要である。法医学は、法に関する医学的事項を広く研究・応用をする科学である。この対象（研究材料）は「人」と「物体」であり、さらに「人」は「生体」と「死体」に分かれる。「人」の「生体」については疾病、創傷および個人識別、「死体」については死因、成傷状況、死後経過時間などを解明することが求められる。

「死体」では多くの場合、死体現象、すなわち死後変化が進行しているので、組織が崩壊している。よって、組織病理診断に軸足を置く病理学と異なり、法医学では肉眼所見がより重視されるのが特徴でもある。第3章から第5章の中で述べたように、実際、野生動物の事例では、〈塩辛・スルメ〉状など高度に変性したものが多いので、この肉眼所見重視の法医学的アプローチは参考になる。

一方、「物体」とは人体の一部、分泌物・排泄物・毛・血液・精液、指紋などである。法医学におけるこの「物体」についてのアプローチは、野生動物の法獣医学ですぐにでも応用できる。たとえば、第5章で紹介したシカ死体から切り取られ冷凍された舌・胃、事件現場に残された動物の体毛、迷惑行為が疑われた猫の頭部・下半身などの材料を扱う場合などである。

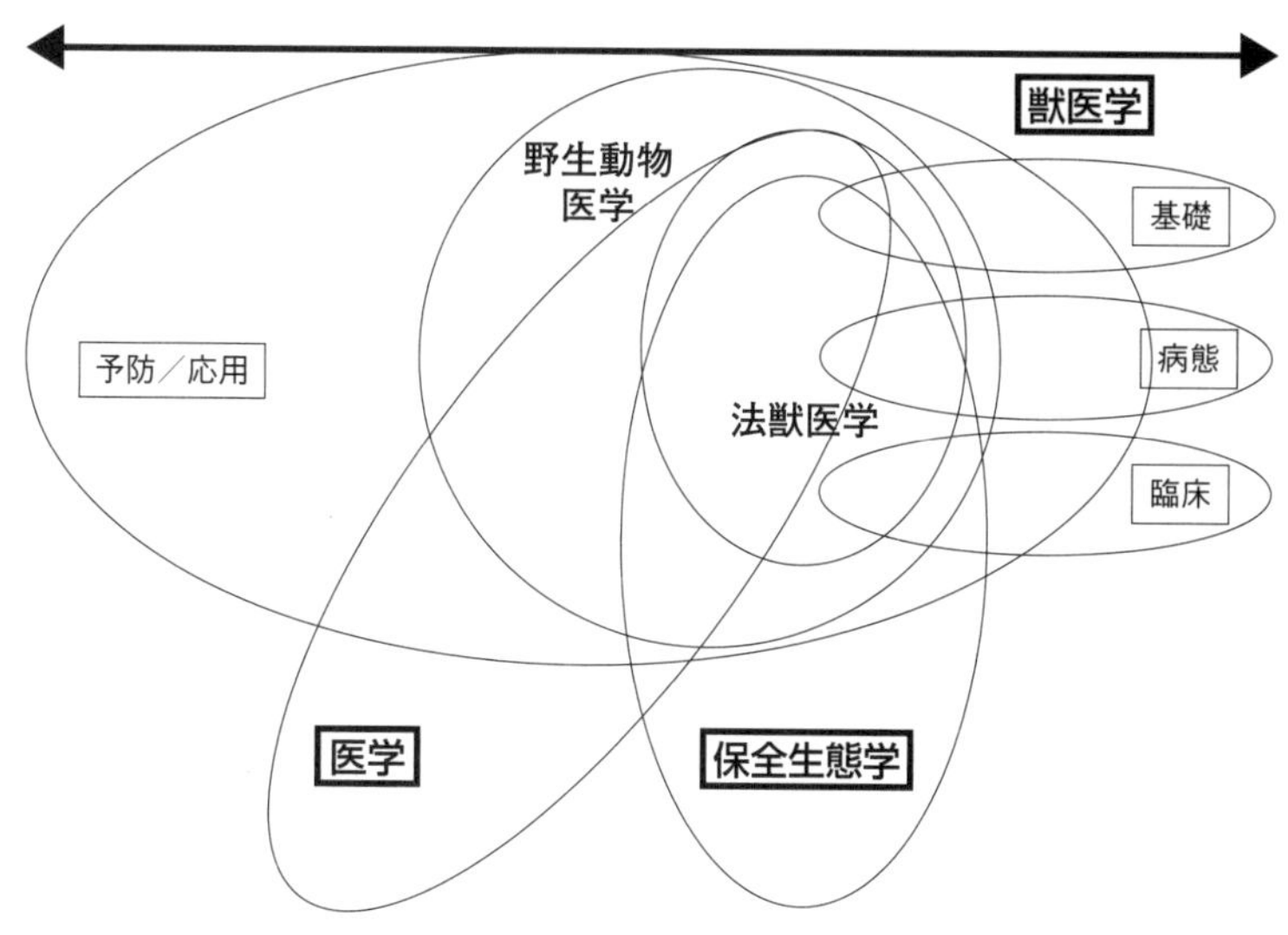

図 6-3　野生動物の法獣医学と医学・獣医学・保全生態学／野生動物医学との関係

野生動物の法獣医学と野生動物医学

次いで、野生動物医学との関係性について検討する。まず、怪我をしたり病気になった傷病野生動物は愛護動物と異なり、一般の動物病院へ搬入されることは少なく、野生動物医学専門施設に搬入されることが多い。特に、二一世紀になり感染症の問題が顕在化してきた昨今、院内感染を避けるため、この傾向はますます強まったのではないか。たとえば、つくば市にある国立環境研究所の野生動物疫学センターや適切なハードとソフトを完備した数少ない各地方自治体の環境担当部署、そして、WAMCのような獣医大附属施設である。

前述したように、野生動物医学は応用獣医学に含まれ、しかもワンヘルスを中心的な理念として展開されている。ワンヘルスは医学・獣医学・保全生態学の三分野にまたがって存在する。しかし、学問の縦割り体制は、そう易々とこれら三分野の厚い壁を超えることはできない。そこでとりあえず、獣医学に軸足を置いて残り二つの分野に関わりを持とう！　という「姿勢」が、現状の野生動物医学と見なせる。そして、本書で縷々事例を紹介したように、ある事例は野生動物の生態に関わるし、別の事例は人と動物の共通感染症という面から医療にも関わる。そうなると、この野生動物医学こそ野生動物の法獣医学の受け皿としては最適であろう。そして、野生動物医学を仲立ちにして、野生動物の法獣医学を間接的に人の健康に関わる医学（公衆衛生）や環境の健康に関わる保全生態学とも紐付けるのが理想的である（図6－3）。

シェルター医学の法獣医学との違い

以上、見てきたように、「法獣医学」には、愛護動物を対象にシェルター医学に包含される法獣医学、野生動物を対象に野生動物医学に親和性が強い法獣医学の両面がありそうだ。もちろん、両者は法獣医学という名のもと、用いる理論・技術に共通点もある。が、前者は主に虐待証明が求められ、後者は虐待以外の多様な事例が中心となる傾向がありそうだ。

だが、野生動物で虐待と見なす事例は皆無なのであろうか。これに答えるためには、まず、動物虐待とは何かを理解しないとならない。野生動物が人為的に〈死・殺〉に至る行為のすべてが虐待というわけではない。たとえば、合法的な狩猟、正規で適切な獣医療行為（適切な安楽死を含む）、正規の手続きを経た致死的な動物実験、屠殺・労役含む標準的農畜産業の過程、捕獲個体の適切な殺滅を前提にした有害動物駆除、などは除外されよう。駆除に関しては、たとえば第3章で紹介した衛生動物であるネズミを、殺鼠剤を用いて駆除することは虐待とは言えない。また、殺虫剤メソミルやシアノホスなどによる中毒事例は、もし、それの実施者の心中に、対象としたキツネやカラス類を害獣あるいは害鳥と見なして駆除をする意図があった場合、たとえその実施過程に技術的および法的に問題があっても、典型的な動物虐待には含まれないと思うのだが、如何であろう。

また、獣医療行為を想起させる虐待の疑いでは、以下のような悩ましい事例に遭遇したことがある。二〇〇四年八月、札幌市とはいっても本学のある江別市に隣接した白石区の市民が衰弱したシマリスを発見、WAMCに持ち込んだ。この種は、道内含め愛玩動物として盛んに流通され、多くの方が飼育する人気ペットである。しかし、北海道では在来種として知られる。したがって、この個体はペットか野生種のどちらかなのか決めかねたが、WAMCでケア後に元気になり、人慣れしていることを確認したので、カルテには、一応、ペット個体が放逐されたものと記録に残した。ちなみにこの個体は、WAMCに入院した初めての哺乳類であった。

さて、この個体の特徴であるが、両側の耳介が鋭利な刃物で切除され、頭蓋骨が露出していた。あまり考えたくはないが、面白半分で切り取ったことも考えられた。もし、これが事実であったのなら、典型的な動物虐待に入る事例であろう。しかし、仮に、耳介に重篤な皮疹（細菌や外部寄生虫などの感染で起きる皮膚炎）―リス類ではこういった疾患は、珍しくはないが―が生じ、獣医師への受診を怠り、素人の飼い主が耳ごと患部を切除した場合はどうか。これもやはり、虐待とは見なせる。事実は不明だが、この個体はＷＡＭＣ関係者がボランティアの里親となり、そのもとに引き取られ、その後、可愛がられた。どうか安心してほしい。

以上のように、虐待には、動物に対する個人の嗜好以外の無目的に行なわれる暴力の行使や無作為、すなわちネグレクトなどが該当すると思うが、当事者の精神性を反映する場合、深く複雑な様相を呈す案件となるので、本書ではこれ以上触れない。動物の被害状況には様々な形態があり、バード博士らの教科書では六つの虐待の形態を例示していた。①身体的虐待（嗜好による暴力のほか、過重な使役含む）、②感情的虐待（不適切な飼育など）、③性的虐待、④放棄、⑤組織的虐待（闘犬・闘鶏など）、⑥儀式的虐待。

たとえば、野生動物で、しかも北海道で関わる形態では、アイヌ民族による熊送り（イオマンテ）が⑥の儀式的虐待であるとする指摘があるが、私の個人的見解としては、このような伝統的な文化までを、①から⑤のものと一緒くたにするのは無理があると思う。一方、①の典型とも言える事例にも遭遇した。ＷＡＭＣができてすぐ、江別署から依頼されたカモ類の事例では、クロスボウにより射殺されたと考えられた。本州では一九九〇年代からこの弓矢で水鳥を殺す事件が多発しており、東京都における一九九三年の「矢ガモ騒動」はその典型的な事件の一つとされる。「ついに北海道上陸！」として、警察官は警戒していた。おそらく、この矢を放った者は、単なる残虐性の発露のために、カモ類を射抜いたのだろう。であるなら、間違いなく動物虐待である。ただし、繰り返すが、この行為は動愛法違反ではなく、鳥獣保護管理法違反あるいは、最近では銃刀法違反となろう。また、本書作成の大詰めを迎えた二〇二一年夏、道内で金属バットによりドバトを殴打した事例も経験した（図6－2下）。私に委嘱した警察署は動愛法違反の容疑で処理をするというが、いずれにせよ、幸い、WAMCで扱った虐待事例は、これらを除くと、ほぼない。

なお、注目すべき参考事例が、二〇二一年六月に起きた。釧路市郊外の農地に入り込んだタンチョウを、空気銃を用いて追い払おうとしたところ、それが運悪く命中してしまい、その個体が死んでしまった。発砲者は銃刀法違反の可能性があるとして逮捕されたが（以上、北海道新聞二〇二一年六月六日朝刊より）、同じ銃刀法違反適用事例でも、さきほどのクロスボウで射殺されたカモ類とは異なり、こちらは農業被害の防止のために行なった行為なので、虐待とは見なせないであろう。

表6-1　人の意思と野生動物死体

人の意思がない
- a）非人為的〈死・殺〉
- b）人為的〈死・殺〉
- c）それらしい死体の出現

人の意思（殺意）がある
- A）虐待が関係する〈死・殺〉
- B）虐待が関係しない〈死・殺〉
- C）死体を用いた迷惑行為

さて、ここに至るまで、様々な〈死・殺〉に関する形を見てきた。そこで、その結果である野生動物の死体が出現する原因に人の意思（殺意）がなかったのか、それともあったのか、それぞれに分けて概観すると、以下のようになろう（表6－1）。まず、人の意思はないのは、

a）非人為的要因：天災・天候急変・飢餓・在来種による捕殺（路上におけるカラス類のトビへの捕食目的に攻撃：第3章）・在来病原体による感染症／中毒など、要するに自然現象の一環。非人為的要因の多

くは本書の主題とは異なるので省略したが、『野生動物医学への挑戦』でいくつか紹介しているので参照されたい。

b）人為的要因：漁業における海鳥混獲、車両によるシカの交通事故、アカエリヒレアシシギの夜間照明による幻惑、風力発電の風車でのオジロワシなどの切断事故、イワツバメの浄水場における拘泥、染料および重油の付着（釧路と知床の海鳥類における低体温症や溺死）、ウトナイ湖などのオオハクチョウへ餌付けした食パンによる窒息（以上、第3章から第5章）、外来種のアライグマによるカモ類捕殺ほか、外来病原体あるいは人為的な環境変化による感染症／中毒・塩中毒（第3章）などが含まれる。本書では触れなかったが、道内某学校屋外の弓道部練習中、的を横切ったキタリスに弓矢が誤って刺さった事故も、ここに配される。

c）それらしい死体の出現：たとえば、古い死体に重油が付着し、知床半島に漂着した海鳥の例（第4章）など、それらしい死体が突如出現する場合がある。

次いで、人の意思（殺意）があった場合として、

A）虐待：たとえば、クロスボウで射殺されたカモ類の事例が該当するが、同じ矢が刺さった状態でも、前述の学校でのキタリスの事故とは全く異なり、こちらは明確な意思を持って残忍行為を行なった事例である。少なくとも、野生動物としては例外的な虐待として認知される事例であろう。

B）非虐待：皮膚病に罹患した耳介が切除されたシマリスの事例（前述）、違法ではあるが農薬を

用いたカラス類やキツネを駆除事例、習慣的に有害と見なしたシマヘビへの傷害、実験目的で過重な発振器が装着されたアオダイショウの事例などが含まれる（以上、第3章と第5章）。

C)　死体を用いた迷惑行為：以上のほか、明確な意思を持って死体を用いた迷惑行為もある。たとえば、警察寮に投函された新聞のスズメ、官庁街に放置された頭部切断ドバト、流通箱内のエゾヤチネズミ、住宅庭先に出現したヒガラなどの事例が含まれると想像している。いずれも、野生動物の死体が、不気味で危険なモノという先入観を利用した行為である。少々意味合いが異なるが、保険金欲しさでシカ幼獣の死体を用いたとしたら、やはり、この迷惑行為の中に入る。悪意はないものの、「玩具」として拾得されたエゾトガリネズミが宿泊施設の体育館で見つかった事例も、この迷惑行為に含まれるであろう（以上、第3章と第5章）。

なお、特に希少種の死体では、死体を自然破壊の証拠として利用する過激な活動家の出現は想定していないし、想像もしたくはない。このように、「死体」ありき！　の事例はトリッキーである。だが、当然、そのモノも、何らかの〈死・殺〉により問題のもとになる「死体」となって、これが人の手に渡り、騒動が起きる。このような直近の社会的騒乱の場と、見つけた「死体」の〈死・殺〉の場とは異なっているので、その死因追及の意味合いがそれぞれA)とB)では異なる。なお、人の意志がなく、どこかの港に積み上げられた海鳥の死体に油がついて騒ぎになった事例も、皮と骨だけの死体からは死因の追究は不可能であったし、人々の関心外と忖度された（なので、こちらの公表がなかったわけだが）。

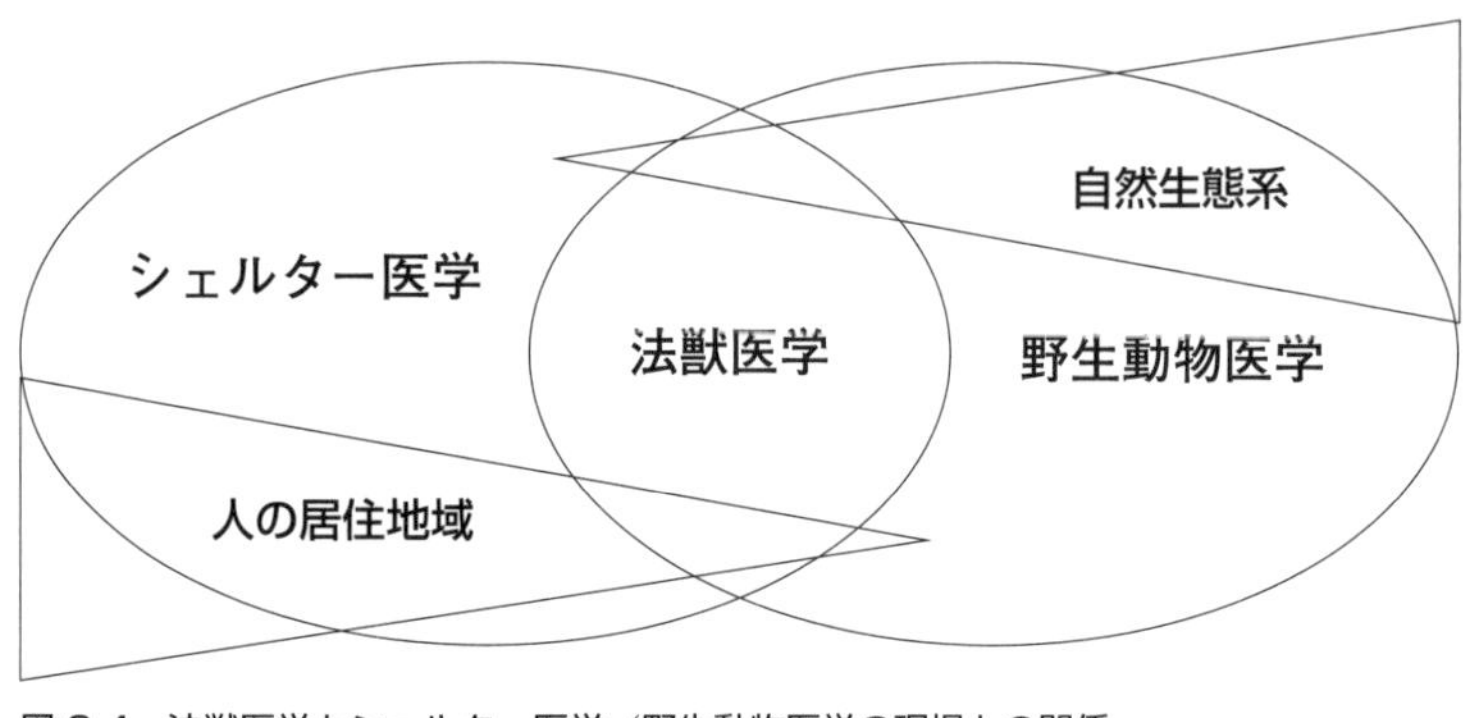

図 6-4　法獣医学とシェルター医学／野生動物医学の現場との関係

少し寄り道をしたので、急いで法獣医学という側面から見た愛護動物と野生動物の比較に戻るが、〈死・殺〉が存在する現場の性格も異なる。動物愛護の場合、被害を受けるのは多頭飼育や被災地の仮設係留施設など、現場は少なくとも人の占有下にあった。したがって、〈死・殺〉事案が、多くの場合、人的環境で収まるのが普通である。もちろん、飼育動物の中には野外に逸脱するケースもあるだろうが、例外的である。一方、人のコントロール下にない野生動物は、たとえば、カラス類やキツネを殺すために撒いた毒餌、密猟者の仕掛けた罠などは、標的動物以外、最悪、人にまで被害が及ぶ危険性もある。すなわち、二次的被害も起きやすく、現場が自然下で拡大傾向を示す。もちろん、これはシェルター医学と野生動物医学の現場の違いが、それぞれの法獣医学の性格に投影されたのだ。これをまとめると、図6－4のようになろう。

この図を見て改めて気づかされるのは、両者は隔絶されたものではなく、法獣医学を共通項としてシェルター医学と野生動物医学とは連結することである。シェルター医学も、野生動物医学は国外になって本格的に新興した若い学問であるし、野生動物医学は二〇〇〇年代にでは半世紀以上の歴史はあるものの、日本では四半世紀と途上中の学問である。お互い手を取り合い、発展したい。

狭義・広義の法獣医学

それはそれとして、混乱を防ぐためにも学問上では用語使用の厳密性が求められる。何度も繰り返すが、愛護動物は虐待防止の法の網にかかった存在である。そして、その法執行の実学である法獣医学は、正真正銘の法獣医学と見なされる。したがって、暫定的に、愛護動物の虐待事案を中心に扱う分野を「狭義の」法獣医学と見なしたい。この分野は、欧米の枠組みに準じ、シェルター医学の範疇で展開されるべきである。

一方、人の非占有、すなわち、野生動物を対象に死因解析する分野は「広義の」法獣医学としてはどうであろう。野生動物であっても、鳥獣保護管理法はじめいくつかの法の網にはかかっている。しかし現実的には、そういった具体的な個々の法に違反した点を立件することは例外的だ。少なくとも私たちに、法律違反の立証のために死因解析が依頼されることは稀で、社会不安の解消が主な目的である。これは法に直接関係しない点で、「〝non-legal〟な諸問題も包含されるべき」とするクーパー夫妻の考えに近い。

野生動物では、野生動物医学のカウンターパートである保全生態学などの助けが不可欠である。ま

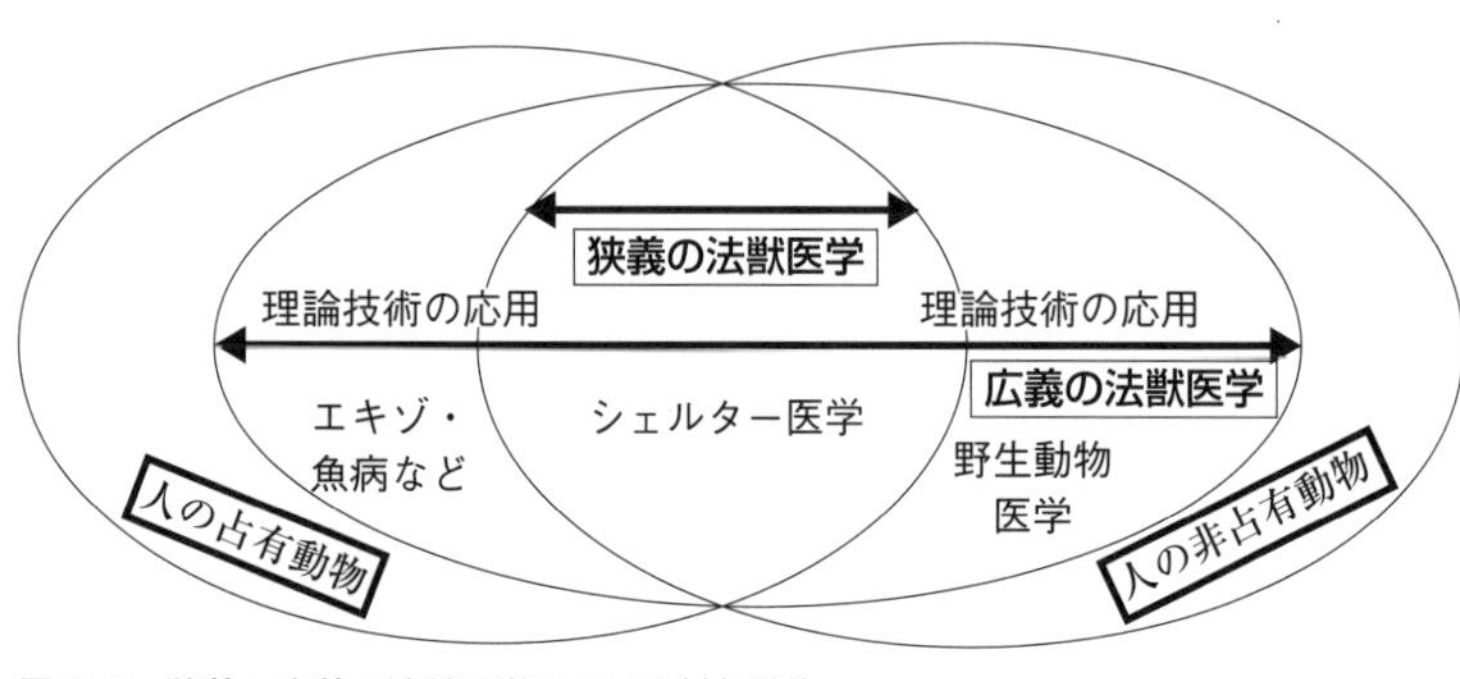

図 6-5　狭義と広義の法獣医学における対象動物

たとえば、大量死したイワツバメの事案で見たように、事案発生当時の降雨量などの気象や浄水場で用いる薬品などの広範な周辺情報も必要である。このような点は、「狭義の」法獣医学には、あまりない特色ではなかろうか。

もちろん、「広義の」法獣医学は「狭義の」それの多くの理論・技術を応用する。同じく、クーパー夫妻の考えに準じれば、人の占有にありながら法の対象から漏れている飼育動物も、「広義の」法獣医学に含めたい。こちらの場合、エキゾチック動物医療学や魚病学などの中で展開することも検討したい（以上、図6－5）。

ところで、いつかは、両法獣医学の「狭義・広義」が消えるだろう。つまり、野生動物も、愛護動物と同等に厳密な法的対象となった日だ。今日までの日本は、不完全な状態ではあったが、それなりにうまくやっていた（と思う）。その背景には世間の目があり、「目を見ればわかる」的な雰囲気が支配し、五月蠅いほどの人情が溢れていたからだ。一見すると、脆そうではあるが、日本には、強靭な人的ネットワークが厳然と存在していた。そこには、動物との付き合い方も含まれていた。しかし、忖度が悪しき所作とされたあたりから、曖昧さは悪とされた。そして、あらゆるものの境をクリアにすることが求められた。その結果、曖昧であった野生動物の法的位置付けも確立される。そして、人の心に任せておくのが危ういという民意により、法律ができるのだ。その時、法獣医学は野生動物を、正々堂々と対象とすることができる。と、同時に、それは日本人の多くがそれまで、曖昧さを空気のように感じていた時代と、完全に惜別する日ともなろう。

おわりに

「はじめに」で紹介した二〇二〇年秋のカラス大量死は、ある少年漫画作家を刺激した。東京在住の作家がこの事案をキャッチすることは不可能なので、偶然ではない。実は、その作家は私の娘である。彼女は小学校の下校時、ドブネズミの死体を持ち帰り（第5章）、耳なしのシマリスの里親（第6章）にもなった。そして本書では、いくつかの図を作成した。その彼女は、その大量死が起きたあたりに、獣医療を対象にした新作を考えていた。そのネーム（漫画原案のこと）を相談してきた際、カラス類の大量死の話をしたら、興味を持ったのだ。もちろん守秘義務があるので、自分の子供でもかなりぼやかし、ほんのさわり程度であった。それでも食い付いたのには、正直驚いた。私にとって日常茶飯事であったし、まして、大手の少年漫画雑誌で扱われるような話題性はないと思ったからだ。

しかし、彼女は「そういったネタは他にないのか」という。大手週刊誌連載となれば三〇ぐらいのネタが欲しいという。一方で、これは全く偶然だが、自身の本学での定年が間近となり、次世代に手渡すため、剖検集刊行が計画されていた。そこに、ネームの話。「一気呵成に刊行！」との天啓と解し、吉野博士と協力して『酪農学園大学野生動物医学センターWAMCに依頼された死因解析等法獣医学に関わる報告集』を出した。なお、この冊子の多くは、まず、日本動物園水族館協会登録園館と全国警察の科捜研に発送した。将来、各園館と科捜研とが協力して、野生動物の法獣医学的な事例に対応していただきたいと願ったためである。

その直後に、COVID-19。本学にほぼ禁足状態となった私は東京大学出版会から依頼され、自身が経験した野生動物医学の研究・教育・啓発に関する活動記録の一部を著す時間を得て、『野生動物医学への挑戦』書いた。こちらも、遺言のつもりで取り組んだ。しかし、この原々案は、実は二〇〇五年頃、地人書館の塩坂比奈子さんに送ったことがある。作成に数カ月かけたが、その頃、私が運営するWAMCの運営開始直後であったので、ネタとなる研究実績が不足していて、使いものにならなかった。それにもかかわらず、塩坂さんには丁寧に見てもらった。

特に気に入っていただいたのが、皮肉にも、その原稿では、あまり力を入れなかった法獣医学であった。塩坂さんは、日本野生動物医学会のニュースレター二二号に掲載された私の論文「我が国の獣医学にも法医学に相当するような分野が絶対に必要！――鳥騒動の現場から」をウェブで探して添付し、「これをもとに全面的に再構築してください！」とコメントしてこられた。しかし当時、WAMCが運営されて二年にも満たず、余りにも事例が少なかった。そのため、そのまま放置となった。まず、これを謝罪したい。

時が過ぎ今日、法獣医学に関しては、日本語が多いものの、誌上発表だけでも約四〇の事例が貯まり、さきほどのような冊子もできた。それならば捲土重来、これらを源泉に、一六年前の塩坂提案に乗ることにした。これが本書成立の背景、そして、塩坂さんのご提案に遅れた言い訳である。

ついでに、もう一つ言い訳を記す。法獣医学（あるいは、犯罪科学全般）を野生動物医学に結び付けるアイデアは、二〇〇〇年から二〇〇一年に在籍したロンドンのロイヤル・ベテリナリー・カレッジ野生動物医学専門職修士課程で接した。その場で学んだあまた知見の中で、ダントツ地味であった法獣医学が印象に残っていたのは不思議だった。しかし今、それはあの「場」の雰囲気であったと、後知恵的にではあるが納得している。

その修士課程のメインキャンパスは、ロンドン動物園動物病院であった。なので、通学するため最寄りの地下鉄駅ベーカー・ストリートで下車していた。そう、あのホームズ探偵事務所のあった街だ。通りを挟んだ向かいには探偵事務所を模した土産屋もあり、一九世紀の警官コスチュームを着こんだ呼び込みが立っていた。また、動物園周囲にはビクトリア期の運河が残り、浮かんでいた人（の死体）の目撃情報を求むリアルな立看もあり、いやが上にも、「場」を盛り上げていた。さらに駅前には、「彼」の立像もあった（次のページ）。

もちろんホームズの推理小説は、昭和時代の少年の通過儀礼として、私も何冊か読んだ。それなりにワクワク、ドキドキした作品もあったが、後年、小説の舞台となった場にいても、特別な感情は湧き上がらなかった。四〇歳を超え、私にとって新たな野生動物医学教育体系に追随するだけで限界だったのだ。しかし「彼」は、毎朝、あたふたと自分の横を横切る極東の男を静かに見守っていた。そして、

「いつでも、こちらに来たまえ。待っているから」

と、語りかけていたのだろう。

　実際、「彼」の誘いに乗って、今、この天才探偵のように脳内で殺し続けている。あたかも将棋やチェスの手を考えるように。そして、「蓋然性の罠」という常識にトラップされないように。なお、この「殺す」の主語には自然も含まれ、その場合は「死ぬ」のほうが正確だし、野生動物に関してはそのケースは多い。しかし結果は死体であり、人々の不安材料でしかない。殺されたのか死んだのか、黎明期にあるその死因解析には、まず、「彼」のような推理力も必要なのだ。

　したがって、本書では、科学としては、やや飛躍した記述もあった。しかし、だからといって、その元は科学的事実である。特に、私が代表となったＪＳＰＳ科学研究費補助金（いずれも、基盤Ｃ）「陸上脊椎動物と線虫の宿主―寄生体関係に関する保全医学的な試み」、「野生動物および動物園動物の保護増殖計画上問題になる寄生線虫症に関する疫学的研究」および「動物園水族館動物に密かに蔓延する多様な寄生虫病の現状把握とその保全医学的対応」の一環としてなされた。もちろん、主要な研究課題の実施の過程で得た副産物ではあったが。もちろん、これら原資は血税であるので、日本国民には感謝し、本書を捧げたい。このほか、環境省地球環境研究費補助金および（私が作った市民団体に補助された）（公財）北海道新聞野生生物基金（後述）などで展開した予算も活用した。

　以上のように、あまり類書がない世界の挑戦的な本となったので、独りよがりになる危険性があった。そこで内容をブラッシュアップするあたり、一般の方々から、客観的なご意見、追加の情報をいただく必要があった。どのような点に興味があり、何が問題となるかなど生の声である。その機会を二〇二一年六月、江別蔦屋書店知の棟にて北海道新聞野生生物基金（代表 金子正美 酪農学園大学教授）により市民団体「野生動物の死と向き合うF・VETSの会」代表として助成されたトークショーで得ることにした。本書執筆の佳境にあったが、一般書としての軌道修正をすることができたと思う。当該財団と参集された皆さんにお礼を申し上げたい。

本書で用いた図は可能な限り、WAMCで経験した原図を使用したが、珪藻類の写真は岩国市ミクロ生物館（岩国市教育委員会）から貸与いただいた。十数年以上前、岩国市とは当地で大切に保護される国の天然記念物シロヘビ（アオダイショウのアルビノ）の死体を、病理学および感染症学的な解析をさせていただいた時からつながりがあった。今後はこれを機に、法獣医学面、特に溺死案件でもWAMCとの協働をお願いしたい。加えて、釧路市動物園・吉野智生博士には、同園で撮影されたタンチョウ胃内から検出されたBB弾の写真を使用させていただいた。吉野博士と共同で多くの症例を世に送り出すことができたのは、私の誇りである。今後も、野生動物の法獣医学という地平を開拓し続けて欲しい。

国立環境研究所生態リスク評価・対策研究室室長の五箇公一先生が、本書帯に素晴らしい推薦の辞をお寄せくださった。これはエールであると解釈させていただいた。五箇先生はじめ同室の皆さんは鳥インフルエンザはじめ、野鳥における感染症の疫学調査を一手に引き受けていらっしゃるが、その際、死因解析も依頼され、しっかり対応されている。こちらのほうは、あまり目立ってはいないが、相当苦労されているはずだ。逆に言うと、この国で私たちの苦悩を最も理解していただける方々である。

本書が、野生動物を対象とする法獣医学の進展に、いささかでもつながる契機となるのならば幸甚。

二〇二一年一〇月　浅川満彦

追伸　二〇二一年一一月初旬、札幌でまた、多くのカラス類が死んだ。今、この本の再校ゲラをチェックしつつ、その報告書をまとめている。死体は、この七カ月前に起きた場所（五五ページ参照）に近い場所で見つかったのだが、何だか様子が異なる。現在進行形の事案なので詳しく書けないが、悩ましいことだけは確かである……。

記録. 北海道獣医師会誌 **53**: 165-167.
吉野智生・飯間裕子・齊藤慶輔・渡邉有希子・松本文雄・浅川満彦（2015）鶴居村温根内で回収されたタンチョウ幼鳥の剖検記録と胃内容物. 獣医畜産新報 **68**: 591-596.
吉野智生・川路則友・浅川満彦（2014）札幌市羊が丘にて採集されたナキイスカ *Loxia leucoptera* の剖検記録. 北海道獣医師会誌 **58**: 548-550.
吉野智生・国藤泰輔・渡辺竜己・久木田優美・前田秋彦・萩原克郎・村田浩一・大沼　学・桑名　貴・浅川満彦（2007）輸入牧草に混入北海道内でその死体が発見されたホシムクドリ *Sturnus vulgaris* の記録. 北海道獣医師会誌 **51**: 68-70.
吉野智生・持田　誠・浅川満彦（2012）窓へ衝突死したシロハラの一例. 北海道野鳥だより **167**: 4-5.
吉野智生・上村純平・渡邉秀明・相澤空見子・遠藤大二・長　雄一・浅川満彦（2014）酪農学園大学野生動物医学センター WAMC における傷病鳥獣救護の記録（2003 年度 -2010 年度）. 北海道獣医師会誌 **58**: 123-129.
吉野智生・渡邉秀明・浅川満彦（2017）釧路港内で発見された着色海鳥類の剖検記録. 釧路市立博物館紀要 **37**: 41-43.
吉野智生・山田（加藤）智子・石田守雄・長　雄一・遠藤大二・浅川満彦（2010）食パンが咽喉部を栓塞させたオオハクチョウ（*Cygnus cygnus*）3 例の剖検所見. 北海道獣医師会誌 **54**: 238-241.

参考ホームページ

朝日新聞デジタル　2019 年 4 月 3 日記事
https://www.asahi.com/articles/ASM433TL0M43UTIL00J.html（閲覧日：2021 年 11 月 10 日）
日本野鳥の会・バードライフ・インターナショナル（2020）日本近海の刺網漁による混獲リスクマップ
https://www.wbsj.org/activity/press-releases/press-2020-03-27/（閲覧日：2021 年 11 月 10 日）
日本哺乳類学会　哺乳類標本の取り扱いに関するガイドライン（2009 年度改訂版）
https://www.mammalogy.jp/guideline.html（閲覧日：2021 年 11 月 10 日）

of death in wildlife using veterinary molecular and wound analysis methods. *Journal of Veterinary Medicical Sciences* **82**: 1173-1177.

田原るり子・永洞真一郎（2010）タンチョウへい死個体中の有機リン系農薬の分析．全国環境研会誌 **35**（2）: 54-58.

綿貫　豊・高橋晃周（2016）海鳥のモニタリング調査法．共立出版，東京 : 136pp.

山田一孝（2018）獣医学における Ai の位置づけと役割．インナービジョン **33**: 49-51.

山村穂積（2004）救急救命の初期治療．第 137 回日本獣医学会学術集会講演要旨集，日本大学 : 28.

柳井徳磨（2017）獣医法医病理学 Veterinary Forensic Pathology の現状と課題—世界の獣医法医病理学（欧米を中心に）および我が国の現状．第 160 回日本獣医学会学術集会講演要旨集，鹿児島大学 : 196.

野生動物救護ハンドブック編集委員会（1996）野生動物救護ハンドブック—日本産野生動物の取扱い．文永堂出版，東京 : 326pp.

養老孟司（1993）解剖学教室へようこそ．筑摩書房，東京 : 217pp.

吉田圭太・垣内京香・金谷麻里杏・川道美枝子・浅川満彦（2017）京都府内の小学校校庭に埋没されていたネコ切断体の一例．ヒトと動物の関係誌 **48**: 81-83.

吉野智生・浅川満彦（2017）斜里町海岸に漂着した重油付着海鳥類死体の剖検記録．知床博物館研究報告 **39**: 33-35.

Yoshino, T. and Asakawa, M.（2020）*Ornithomya fringillina*（Diptera: Hippoboscidae）collected from a Goldcrest, *Regulus regulus* in Kushiro, Hokkaido, Japan. *Biogeography* **22**: 13-14.

吉野智生・浅川満彦（2021a）根室港において発見された大量の海鳥死体に関する記録．根室市歴史と自然の資料館紀要 **33**: 49-53.

吉野智生・浅川満彦（2021b）北海道北部の風力発電機周辺で見つかった鳥類死体の剖検所見．利尻研究 **40**: 91-94.

吉野智生・浅川満彦（2022）北海道岩見沢市において発生したアカエリヒレアシシギの集団衝突死．日本鳥学会誌 **71**: 印刷中.

吉野智生・藤本　智・小林伸行・前田秋彦・前田潤子・大沼　学・桑名　貴・村田浩一・浅川満彦（2009）帯広市内で発見されたハシブトガラス *Corvus macrohynchus* 白化個体死体のウイルス学的検査および剖検

斃死体からの有機リン系農薬が検出された事例の続報．酪農学園大学紀要，自然科学 **46**: 5-8.
岡田東彦・木村優樹・林　美穂・松倉未侑・浅川満彦（2021）ネズミ駆除用粘着シートに誤捕獲されたハイタカおよびハクセキレイの救護症例について．北海道獣医師会誌 **65**: 189-191.
岡田東彦・太田素良・木村優樹・高木龍太・林　美穂・松倉未侑・浅川満彦（2020）道内で発見された複数のカラス類死体の剖検・病原体検査について．北海道獣医師会誌 **64**: 375-378.
齋藤慶輔（2014）野生の猛禽を診る 獣医師・齋藤慶輔の 365 日．北海道新聞社，札幌 : 254pp.
澤口聡子（2007）法医学と看護．鹿島出版会，東京 : 109pp.
鈴木正嗣（2021）改めて「『野生生物と社会』学会」．*Wildlife Forum* **25**（2）: 表紙会長就任挨拶.
Susskind, L. E.（1994）Environmental Diplomacy: Negotiating More Effective Global Agreements. Oxford University Press.［吉岡庸光 訳（1996）環境外交—国家エゴを超えて．日本経済評論社 , 東京 : 324pp.］
田島木綿子（2021）海獣学者、クジラを解剖する—海の哺乳類の死体が教えてくれること．山と渓谷社，東京 : 336pp.
高木佑基・浅川満彦（2016）獣毛鑑定の一例．森林保護 **341**: 6-7.
竹内萌香・水主川剛賢・岡本　実・大沼　学・浅川満彦（2015）浄水場でのイワツバメ（*Delichon dasypus*）大量死とその病理学および寄生虫学的検査の記録．鳥類臨床研究会会報 **18**: 21-22.
竹内萌香・水主川剛賢・尾崎伸雄・大沼　学・浅川満彦（2016）北海道室蘭にて複数の死体が発見されたヒガラの剖検記録．北海道獣医師会誌 **60**: 144-146.
谷口　萌・浅川満彦（2019）自治体庁舎前路上および橋梁直下放牧場等の死体剖検事例．第 18 回「野生動物と交通」研究発表会講演論文集 : 41-44.
Teerink, B. J.（2004）Hair of West-European Mammals. Cambridge University Press, UK: 236pp.
角田幸雄（2021）人類の進化と新しい畜産技術：培養肉．畜産の研究 **75**: 225-238.
Ushine, N., Tanaka, A. and Hayama S.-I.（2020）Investigation of causes

小池伸介・山崎晃司・梶　光一（2017）大型陸上哺乳類の調査法．共立出版，東京：167pp.
近藤敬治（2013）日本産哺乳動物毛図鑑—走査電子顕微鏡で見る毛の形態．北海道大学出版会，札幌：231pp.
Merck, M. (ed.) (2012) Veterinary Forensics: Animal Cruelty Investigations, 2nd ed. Wiley-Blackwell, USA: 402pp.
森口紗千子（2021）渡り鳥と感染症．（樋口広芳 編）鳥の渡り生態学．東京大学出版会，東京：275-314.
Mullineaux, E. and Keeble, E. (eds.) (2016) BSAVA Manual of Wildlife Casualties, 2nd ed. British Small Animal Veterinary Association, UK: 488pp.
Munro, R. and Munro, H. M. C. (2008) Animal Abuse and Unlawful Killing-Forensic Veterinary Pathology. Saunders, Edinburgh: 106pp.
邑井良守・藤井　幹・井上和人（2011）動物遺物学の世界にようこそ—獣毛・羽根・鳥骨 編．里の生き物研究会，東京：280pp.
中村　寛（1980）科学技術者としての獣医師のありよう．学窓社，東京：342pp.
中山翔太・水川葉月・池中良徳・石塚真由美（2017）鳥類で起こっているケミカルハザードとそのメカニズム．日本野生動物医学会 **22**: 69-72.
根上泰子（2013）野生動物の死亡原因の究明とその課題．日本野生動物医学会誌 **18**: 53-59.
日本獣医病理学専門家協会 編（2018）動物病理アトラス 第2版．文永堂出版，東京：340pp.
西沢文吾・倉沢康大・山崎　彩（2019）北海道におけるホシムクドリ *Sturnus vulgaris* の飛来状況：渡島半島における初記録と近年の観察記録の増加．山階鳥類学雑誌 **51**: 105-115.
大橋赳実・浅川満彦（2019）ヘビ類体表に腫瘤が認められた2症例について．北海道獣医師会誌 **63**: 433-434.
太田素良・中本篤武・岡田東彦・吉野智生・浅川満彦（2021）道路から離れた場所の野生動物死体でも死因が交通事故と推定された事例—そこから提起される法獣医学的諸課題．第20回「野生生物と交通」研究発表会講演論文集，エコ・ネットワーク，札幌：25-28.
岡田東彦・浅川満彦（2021）札幌および小樽で見つけられたカラス類複数

Forensic Medicine and Forensic Sciences. CRC Press, USA: 475pp.
千種雄一・一杉正仁・黒須　明・木戸雅人・倉橋　弘・林　利彦・金杉隆雄・桐木雅史・加藤尚子・徳留省悟・松田　肇（2006）法医解剖で検出された双翅目昆虫について．衛生動物 **57**: 136.
近本翔太・浅川満彦（2017）酪農学園大学野生動物医学センター WAMC に依頼された車輌付着の獣類体毛鑑定と示唆された野生動物交通事故に関わる問題点．第 16 回「野生動物と交通」研究発表会講演論文集：41-44.
Cooper, J. and Cooper, M. E.（2007）Introduction to Veterinary and Comparative Forensic Medicine. Blackwell Publishing Ltd, UK: 432pp.
Dierauf, L. A. and Gulland, F. M. D.（eds.）（2001）CRC Handbook of Marine Mammal Medicine, 2nd ed. CRC Press, USA: 1063pp.
藤巻祐蔵（2020）パチンコにかかった鳥．森林保護 **352**: 7.
藤田正一 編（1999）毒性学―生体・環境・生態系．朝倉書店，東京：304pp.
古瀬歩美・牛山喜偉・平山琢朗・吉野智生・浅川満彦（2015）酪農学園大学野生動物医学センター WAMC における傷病鳥獣救護の記録（2011 年度 -2014 年度）．北海道獣医師会誌 **59**: 184-187.
林　美穂・浅川満彦（2021）酪農学園大学野生動物医学センター WAMC における傷病鳥獣救護の記録（2015 ～ 2020 年度）．北海道獣医師会誌 **65**: 95-98.
井潤美希・宮石　智（2007）野生動物死体の死因の検索方法―法医学からの応用．第 13 回野生動物医学会大会要旨集，岩手大学：74.
垣内京香・浅川満彦（2016）旧日本軍用防寒外套および防寒靴に用いられた毛皮の鑑定．芦別・星の降る里百年記館年報 **22**: 21-26.
Kihara, Y., Makino, Y., Nakajimaa, M., Tsuneya, S., Tanaka, A., Yamaguchi, R., Torimitsu, S., Hayama, S.-i. and Iwase, H.（2021）Experimental water injection into lungs using an animal model: Verification of the diatom concentration test to diagnose drowning. *Forensic Science International* **327**: 110983.
木村優樹・浅川満彦（2020）知床半島で斃死したシャチ（*Orcinus orca*）における獣医学関連の分析概要―国際捕鯨委員会資料から．北海道獣医師会誌 **64**: 379-381.

参考文献と参考ホームページ

参考文献

青木人志（2016）日本の動物法 第2版．東京大学出版会，東京：292pp.

浅川満彦（2002）応用動物学と獣医学との連繫による専門職大学院構想―英国野生動物医学MScコースを一例にして．畜産の研究 **56**: 779-784.

浅川満彦（2006）我が国の獣医学にも法医学に相当するような分野が絶対に必要！―鳥騒動の現場から．*Zoo and Wildlife News*（日本野生動物医学会ニュースレター）**22**: 46-53.

浅川満彦（2015）食品流通過程で果たして野ネズミが紛れ込むのか．第14回「野生生物と交通」研究発表会講演論文集：5-8.

浅川満彦（2016）宿泊施設内で発見されたエゾトガリネズミ *Sorex caecutiens* の死体．森林保護 **342**: 14-15.

浅川満彦（2019）直近1年間に酪農学園大学野生動物医学センターWAMCに搬入された傷病野生動物のうち3例から得られた教訓．サポート（野生動物救護研究会）**129**: 5-8.

浅川満彦（2021a）野生動物医学への挑戦―寄生虫・感染症・ワンヘルス．東京大学出版会，東京：196pp.

浅川満彦（2021b）法獣医学の日本における現状と本分野最新テキスト『Veterinary Forensic Medicine and Forensic Sciences』の紹介．北海道獣医師会誌 **65**: 174-175.

浅川満彦・川添敏弘（2021）大学で求められる法獣医学教育の取り扱いに向けて．畜産の研究 **75**: 473-478.

浅川満彦・吉野智生（2021）酪農学園大学野生動物医学センターWAMCに依頼された死因解析等法獣医学に関わる報告集．酪農学園大学社会連携センター，北海道江別市，178pp.

浅川満彦・吉野智生・魚住大介（2021）栗沢町内の路上で傷病救護されたトビの収容原因について．北海道獣医師会誌 **65**: 64-65.

Braithwaite, V.（2010）Do Fish Feel Pain? Oxford University Press.［高橋洋 訳（2012）魚は痛みを感じるか？　紀伊国屋書店，東京：259pp.］

Brothers, N.（1994）捕まえるのは魚、海鳥ではありません：延縄漁その効率を高めるための指針．パンダニ出版社，ホバート：60pp.

Byrd, J. H., Norris, P. and Bradley-Siemens, N.（eds.）（2020）Veterinary

【ま行】

【や行】

【ら行】

【わ行】

【欧文】

【た行】

【な行】

【は行】

【さ行】

索　　引

著者紹介

浅川満彦（あさかわ・みつひこ）

1959年、山梨県韮崎市生まれ。

1985年、酪農学園大学大学院獣医学研究科修士課程修了。同年、獣医師国家試験に合格し、悠々と寄生線虫の生物地理を研究できると考え、北海道大学大学院獣医学研究科進学。しかし、数カ月で中退、酪農学園大学に助手（寄生虫学）として採用される。

1991年、島嶼産アカネズミに見られる寄生線虫相の研究で日本生物地理学会賞受賞。

1994年、博士（獣医学）号取得と同時に酪農学園大学の野生動物（医）学担当兼務。

2000年、研究留学制度を活用して、ロンドン大学王立獣医大学校／ロンドン動物学会共同開講野生動物医学専門職修士課程に入学、翌年、修了。

2004年、文部科学省ハイテクリサーチセンター研究事業の野生動物感染症調査拠点「酪農学園大学野生動物医学センターWAMC」、施設長兼務。この施設が附属動物病院構内にあったので、傷病鳥獣の救護や死因解析の依頼、続々。

2007年、教授昇格、獣医寄生虫病学・野生動物学担当。

2009年、日本野生動物医学会認定専門医の資格取得。

現在はWAMC運営のほか、酪農学園大学獣医学類医動物学ユニットも主宰しつつ、市民団体「野生動物の死と向き合うF・VETSの会」代表も務め、法獣医学の啓発活動で多忙。

主な著書に、『野生動物医学への挑戦―寄生虫・感染症・ワンヘルス』（2021年、東京大学出版会）、『書き込んで理解する動物の寄生虫病学実習ノート』（編、2020年、文永堂出版）、『外来種ハンドブック』（分担執筆、2002年、地人書館）、『森の野鳥に学ぶ101のヒント』（分担執筆、2004年、日本林業技術協会）、『動物地理の自然史―分布と多様性の進化学』（分担執筆、2005年、北海道大学出版会）、『新獣医学辞典』（分担執筆、2008年、緑書房）、『獣医公衆衛生学Ⅰ・Ⅱ』（分担執筆、2014年、文永堂出版）、『動物園学入門』（分担執筆、2014年、朝倉書店）、『感染症の生態学』（分担執筆、2016年、共立出版）、『野生動物の餌付け問題―善意が引き起こす？　生態系撹乱・鳥獣害・感染症・生活被害』（分担執筆、2016年、地人書館）などがある。

野生動物の法獣医学

もの言わぬ死体の叫び

◆

2021年12月31日　初版第1刷
2022年 6 月30日　初版第3刷

著　者　浅川満彦
発行者　上條　宰
発行所　株式会社 **地人書館**
〒162-0835　東京都新宿区中町15
電話　03-3235-4422
FAX　03-3235-8984
郵便振替　00160-6-1532
e-mail　chijinshokan@nifty.com
URL　http://www.chijinshokan.co.jp/

◆

印刷所　モリモト印刷
製本所　カナメブックス

◆

ISBN978-4-8052-0957-8 C1045